Labiba Fatima
Durre Shahwar

Análise de plantas alimentares

Labiba Fatima
Durre Shahwar

Análise de plantas alimentares

ScienciaScripts

Imprint

Cover image: www.ingimage.com

This book is a translation from the original published under ISBN 978-3-659-81904-9.

Publisher:
Sciencia Scripts
is a trademark of
Dodo Books Indian Ocean Ltd. and OmniScriptum S.R.L publishing group

120 High Road, East Finchley, London, N2 9ED, United Kingdom
Str. Armeneasca 28/1, office 1, Chisinau MD-2012, Republic of Moldova, Europe
Printed at: see last page
ISBN: 978-620-8-17983-0

Dedicação

Gostaria de
dedicar este humilde
esforço aos meus queridos pais,
avó
E
As minhas irmãs e irmãos
Que estiveram sempre presentes
quando precisei deles
E
Sempre me encorajou em
todos os passos da minha
vida.

Agradecimentos

Estou grato a ALLAH, o Mais Gracioso e o Misericordioso, que me permitiu realizar este trabalho. Sem a Sua graça e misericórdia, este trabalho não teria sido realizado. Todos os respeitos e gentilezas para o Santo Profeta MUHAMMAD (PBUH) que é, para sempre, uma tocha de orientação e luz de conhecimento para a humanidade.

Considero um privilégio e uma fonte de prazer expressar a minha profunda e cordial gratidão ao meu respeitado, erudito e reverendo orientador de investigação

Dr. Durre Shahwar, Department of Chemistry, Government College University, Lahore, pela sua orientação académica, conselhos ilustrativos, interesse vivo, atitude encorajadora apesar das suas preocupações multifacetadas, cooperação e críticas construtivas, que foram a verdadeira fonte de inspiração para mim durante este projeto de investigação.

Ficarei muito grato em reconhecer os serviços dos assistentes do laboratório e da biblioteca para a realização dos trabalhos de investigação laboratorial.

Finalmente, estendo a minha sincera gratidão aos meus respeitosos e afectuosos pais, à minha avó, aos meus irmãos e irmãs, que sempre rezaram pelo meu sucesso e pelo meu aperfeiçoamento.

LABIBA FATIMA

ÍNDICE DE CONTEÚDOS

RESUMO

O objetivo deste estudo foi avaliar o potencial antioxidante e a capacidade de eliminação de radicais livres de quatro plantas alimentares diferentes, ou seja, *Cinnamomum zeylanicum, Brassica campestris, Mentha spicata* e *Phaseolus vulgaris.* Os extractos metanólicos brutos, bem como as diferentes fracções e fracções de óleo das plantas foram considerados para a investigação. O exame qualitativo dos constituintes fitoquímicos foi efectuado através de diferentes protocolos, tal como sugerido na literatura. Na concentração de 3mg/ml, o extrato metanólico bruto da casca de *Cinnamomum zeylanicum* (77,3±0,46), as folhas *de Mentha spicata* (82,4±0,64), a planta inteira de *Brassica campestris* (79,33±0,55) e a fração aquosa de *Phaseolus vulgaris* (68,5±0,66) apresentaram uma atividade significativa de eliminação do radical óxido nítrico. Da mesma forma, a fração de di-clorometano a pH 3 da casca de *Cinnamomum zeylanicum* (146,1 ± 0,86), a fração de n-butanol das folhas de *Mentha spicata* (97,2 ± 0,21) e a planta inteira de *Brassica campestris* (121,8 ± 1,73) e a fração aquosa de *Phaseolus vulgaris* (143,0 ± 1,25) revelaram os maiores conteúdos fenólicos totais entre todas as outras fracções. A fração n-butanol da casca de *Cinnamomum zeylanicum* (85,1±0,5) e das folhas *de Mentha spicata* (83,6±0,85), a fração aquosa de *Phaseolus vulgaris* (76,3±0,49) e a fração metanólica da planta inteira *de Brassica campestris* (79±0,6O) revelaram a maior percentagem de inibição do ensaio de emulsão de ácido linoleico. A composição química destas quatro plantas foi analisada por HPLC para confirmar que **o ácido cafeico** e **o cinamaldeído** *(*extrato e óleo de *Cinnamomum zeylanicum*)**, o ácido elágico, a vanilina** e **o óxido de cariofileno** e **o ergosterol (**extrato e óleo de *Mentha spicata e* extrato de *Phaeolus vulgaris)***,* **a hesperidina (**extrato e óleo da planta inteira de *Brassica campestris*) eram as principais composições que causavam as capacidades antioxidantes e a sua ubiquidade numa grande variedade de alimentos de origem vegetal utilizados principalmente.

INTRODUÇÃO

1.1 Antecedentes

"A "nutrição tradicional", que se centra no consumo de alimentos nutricionalmente equilibrados de acordo com as diretrizes dietéticas recomendadas, é agora transformada em *"nutrição óptima"*. A nutrição óptima, tal como a antiga citação chinesa *"que o alimento seja o medicamento e o medicamento seja o alimento"*, recomenda a ingestão de alimentos funcionais para uma boa saúde e a redução do risco de doenças crónicas. Tem sido realizada uma extensa investigação científica para compreender o potencial medicinal das plantas, bem como para conhecer as bases para o progresso e a expansão dos alimentos funcionais e nutracêuticos com benefícios fisiológicos dos seus bioactivos constituintes. (Lattanzio *et al.*, 2006; Russell e Duthie, 2011; Banargee *et al,* 2011).

As plantas têm sido utilizadas como fonte de alimento, abrigo, vestuário, medicina e meio de transporte desde a antiguidade. Estima-se que existam mais de 0,5 milhões de espécies de plantas em todo o mundo, mas apenas 20% dessas espécies têm sido utilizadas como actividades biológicas devido à presença de bioactivos valiosos, geralmente classificados como metabolitos secundários, como os ácidos fenólicos e os flavonóides (Kinsella *et al.*, 1993). Existe muita informação etno-médica sobre a utilização de plantas que indica que, no passado, as plantas eram utilizadas para curar doenças (Halliwell *et al.*, 1990).

A terminologia utilizada como erva refere-se a uma planta utilizada para fins medicinais. As ervas são geralmente consideradas como medicamentos ineficazes utilizados antes do aparecimento de drogas sintéticas mais eficazes. Para outros, as ervas são simplesmente fontes de compostos para isolar e depois comercializar como medicamentos. As ervas e os extractos brutos de plantas são medicamentos eficazes. A OMS estimou que talvez 80% da população mundial dependa de ervas para as necessidades de cuidados de saúde primários (Farnsworth *et al.*, 1985).

As plantas sintetizam uma vasta gama de compostos químicos, designados por fitoquímicos, através de uma rede de vias metabólicas (Podsedek, 2007; Babbar *et al.*, 2011). Estes fitoquímicos são acumulados em todas as partes das plantas, como a casca, as folhas, as sementes, a casca e a polpa. Cada fitoquímico tem propriedades químicas diferentes que, por sua vez, conferem uma função especial a estes compostos naturais.

No Paquistão, a utilização de medicamentos à base de plantas é também uma prática muito comum. Em 2006, Shinwari *et al.* publicaram um guia pictórico que enumerou mais de 500 espécies de plantas com flores utilizadas para fins medicinais (Ullah *et al.*, 2011). Entretanto, foram publicados muitos outros relatórios regionais sobre plantas medicinais disponíveis no Paquistão. Os médicos tradicionais utilizavam estes extractos de plantas para tratar várias doenças, como asma, dores de cabeça e diarreia, cicatrização de feridas, etc.

A oxidação é um processo fundamental que leva à geração de espécies reactivas de oxigénio (ROS) e radicais livres nos organismos vivos devido a reacções metabólicas oxidativas. Toda a classe de moléculas altamente reactivas, como os radicais livres e outras espécies reactivas de oxigénio (ROS), como o anião superóxido, o radical hidroxilo e o peróxido de hidrogénio, provêm do metabolismo normal do oxigénio ou de factores e agentes exógenos (Halliwell *et al,* 1990). Foi relatado que as ROS125 são um agente causador de várias doenças, como a artrite, a asma, a demência, o mongolismo, o carcinoma e a doença de Parkinson (Perry *et al,* 2000).

Nos últimos anos, tem aumentado a procura de fitoquímicos antioxidantes, uma vez que estes podem inibir a propagação de reacções de radicais livres e proteger o corpo humano de doenças (Kinsella *et al.,* 1993). Os antioxidantes são substâncias que neutralizam os efeitos secundários dos processos oxidativos. Estes antioxidantes funcionam sobretudo através de um mecanismo redutor, doando electrões e provocando assim a redução de uma substância. Várias classes de compostos antioxidantes, como as vitaminas, os tocoferóis, os fenólicos e as enzimas, têm sido estudadas para desempenhar um papel fundamental na prevenção de várias doenças crónicas (Wojcik *et al.,* 2010; Mety e Mathad, 2011).

Os óleos essenciais extraídos das plantas têm potencial como agentes naturais para a conservação de alimentos (Halliwell, B.1994). Além disso, os óleos essenciais e os seus componentes estão a ganhar um interesse crescente devido ao seu estatuto relativamente seguro, à sua ampla aceitação pelos consumidores e à sua exploração para uma potencial utilização multifuncional (Halliwell *et al.,* 1990). Os óleos essenciais são normalmente considerados como óleos voláteis, que dão origem à fragrância rica encontrada nos aromáticos (Barja, G. 2004).

1.2 Importância medicinal das plantas alimentares

Muitos medicamentos como o ópio, a aspirina, o quinino e os digitálicos são utilizados como remédios à base de plantas. Estes compostos químicos são produzidos pelas plantas, conhecidos como fitoquímicos. Existem dois tipos de metabolitos, ou seja, metabolitos primários, como o açúcar e as gorduras, e metabolitos secundários, como o quinino, a digoxina, etc., que se encontram numa gama mais pequena de plantas (Meskin, 2002).

Alguns dos fitoquímicos sintetizados pelas plantas e seus derivados são os seguintes

- **Alcalóides**

  Os alcalóides são produzidos por organismos como bactérias, fungos, plantas e animais e têm um anel de azoto. São também designados por metabolitos secundários. Muitos alcalóides têm efeitos farmacológicos e são utilizados como medicamentos, como o anestésico local, o vasodilatador indamina, o composto antiarrítmico quinidina, a efedrina terapêutica anti-asma e o medicamento antimalárico quinina. Embora os alcalóides actuem sobre uma diversidade de sistemas metabólicos nos seres humanos e noutros animais, invocam quase uniformemente um sabor amargo.

- **Polifenóis**

  Estes compostos contêm anéis de fenol. Por exemplo, a antocianina que dá às uvas a sua cor púrpura, as isoflavonas, os fitoestrogénios da soja e os taninos que dão ao chá a sua adstringência são fenólicos na natureza.

- **Glicosídeos**

  Quando o açúcar se liga a um grupo não-carbohidrato, que pode ser uma pequena molécula orgânica, formam-se as moléculas glicosídicas. Os glicosídeos inactivos são armazenados sob a forma de produtos químicos nas plantas e podem ser activados por hidrólise enzimática, que quebra a ligação do açúcar e torna o produto químico utilizável. Os venenos também se ligam a moléculas de açúcar para serem eliminados do organismo dos animais e dos seres humanos.

- Terpenos

Muitas plantas, especialmente as coníferas, produzem esta classe de compostos orgânicos que têm um cheiro forte e capacidade de proteção. São a principal fonte de resina e terebintina, que é produzida pela resina, por exemplo Esteróides. Os terpenóides são formados pela oxidação ou pelo rearranjo do esqueleto de carbono. Muitas plantas e flores contêm óleos essenciais que, por sua vez, contêm terpenos e terpenóides. Os óleos essenciais são normalmente utilizados como fragrâncias em perfumaria, aromaterapia e como aditivo natural de sabor para alimentos. Por exemplo, a vitamina A é um terpeno. Os monoterpenos estão presentes em flores como a rosa e a alfazema. As cores vermelha, amarela e laranja da abóbora, do milho e do tomate devem-se à presença de carotenóides (Springbob, 2009).

1.2.1 Caraterísticas das plantas medicinais

No tratamento, as plantas medicinais são muito importantes.

- **Medicina sinérgica**

Neste tipo de medicina, os ingredientes das plantas interagem de forma a neutralizar os seus efeitos negativos ou que podem prejudicar os outros.

- **Apoio à medicina oficial**

Este tipo de medicamento é importante para o tratamento de doenças complexas como o cancro.

- **Medicina preventiva**

Alguns componentes das plantas são importantes pela sua capacidade de prevenir o aparecimento de doenças. Isso ajudará a minimizar o efeito secundário de muitos medicamentos. (Basam., 2012).

1.3 Algumas plantas alimentares importantes

1.3.1 GÉNERO CINNAMOMUM

É geralmente designada por canela e é constituída por mais de 300 espécies, pertencendo à família Lauraceae. Os óleos aromáticos estão presentes na casca e nas folhas das espécies de Cinnamomum. Estão amplamente distribuídas nas regiões tropicais e subtropicais da América do Sul, América do Norte, América Central, Ásia e Oceânia.

As superfícies superiores das folhas das espécies são verdes brilhantes a verde-amareladas, enquanto as superfícies inferiores são opacas e de cor mais clara. A cor das folhas jovens é castanho-avermelhada a vermelho-amarelada. As folhas maduras são de cor verde escura. Cinnamomum inclui *Cinnamomum burmannii,* Cinnamomum verum , Cinnamomum tamala, Cinnamomum aromaticum - cassia, Cinnamomum loureiroi - (Saigon cinnamon), Cinnamomum osmophloeum - (pseudocinnamomum) etc. (Ravindran *et al., 2003).*

a. Cinnamomum verum

É vulgarmente designada por "árvore de canela verdadeira" ou árvore de canela do Ceilão. É uma árvore de folha perene e a sua casca interior é utilizada para fabricar canela.

O nome antigo desta espécie é cinnamomum zeylancium, derivado do antigo nome do Sri Lanka, Ceilão, porque este país produz 80-90 % do cimão mundial.

As árvores de cinnamomum verum têm uma altura de 10-15 metros e as folhas têm uma forma oblonga. As flores têm um odor específico e são de cor verde.

Fig- 1.1: Fotografia de uma folha e casca da planta *Cinnamomum verum*.

b. Classificação botânica de *Cinnamomum verum*

O quadro 1.1 apresenta a classificação botânica da planta *Cinnamomum verum* (Iqbal. M., 1993).

Domain	Eukarya
Kingdom	Plantae
Division	Magnoliophyta (flowering plants)
Class	Magnoliopsida (Dicotyledons)
Order	Laurales
Family	Lauraceae
Genus	Cinnamomun
Species	*Cinnamomum verum*

c. Compostos químicos isolados do género Cinnamomum

O quadro 1.2 apresenta os compostos químicos isolados do género Cinnamonum.

Sr. No	Chemical compound	Different species of *Cinnamomum* (*C.*)	Reference
1	Cinnamaldehyde	*C. zeylanicum* -stem bark, *C.burmannii* - bark, *C. osmophloeum*.	Jayaprakasha,G.K.(2011). Bandar, E., *et al.*, (2012). Cheng, (2006).
2	Camphor	*C.zeylanicum*-root&bark. Essential oil of *C. camphora* leaves, *C. osmophloeum*. Bark of *C.burmannii*.	Jayaprakasha, G. K. (2011). Chen *et al.*, (2014).Cheng *et al.*, (2006). Bandar, E., *et al.*, (2012)
3	Trans-cinnamyl acetate	*C. zeylanicum*-fruits & flowers. *C. osmophloeum*	Jayaprakasha, G. K. (2011). Cheng *et al.*, (2006).
4	Eugenol	*C.burmannii*.-bark & leaves Cinnamomum tamala Nees and Eberm (tejpat) and Pimenta dioica.	Bandar, E., *et al.*, (2012). Padmakumari, *et al.*, (2013)
5	1,8 cineole	*C.burmannii*, Essential oil of *C.camphora* leaves	Bandar, E., *et al.*, (2012). Chen, *et al.*, (2014).
6	α terpineol	Bark of *C.burmannii*. Bark of *C.altissimum Kosterm*.	Bandar,E., *et al.*, 2012. Siddiq *et al.*, (2014)
7	α pinene	Bark of *C.burmannii*.	Bandar, E., *et al.*, (2012)
8	β pinene	Bark of *C.burmannii*. Bark of *C.altissimum Kosterm*.	Bandar,E., *et al.*, 2012.. Siddiq *et al.*, (2014)
9	β-Caryophyllene	Bark of *C.altissimum Kosterm*	Siddiq *et al.*, (2014)
10	p cymene	Bark of *C.burmannii*.	Bandar, E., *et al.*, (2012)
11	β caryaphyllene		
12	Borneol		
13	Terpinen-4-ol	Bark of *C.burmannii*. Bark of *C.altissimum Kosterm*	
14	Limonene	*Bark of C. altissimum* Kosterm	

15	methyl eugenol	Bark of *C.burmannii*. *Bark of C. altissimum* Kosterm	Bandar,E., *et al.*, (2012) Siddiq *et al.*, (2014)
16	Linalool	*Bark of C. altissimum* Kosterm,essential oil of *Cinnamomum camphora* leaves, *C. osmophloeum*.	Siddiq *et al.*, (2014) Chen *et al.*, (2014) Cheng *et al.*, (2006)
17	Cinnamtannins	Bark of *C. cassia*	Morimoto *et al.*, (1986)
18	Epicatechin		
19	Proanthocyanidin		
20	Ferulic acid	Stem bark of *C. zeylanicum*	Eric *et al.*, (2013)
21	(E) *p*-hydroxy cinnamic acid		
22	Clovanediol		
23	Squalene		
24	α-bisabolene		
25	3,7,11-trimethyl-3-hydroxy-6,10-dodecadien-1-yl acetate	Leaves of *C. camphora*	Chen *et al.*, (2014)
26	5-hydroxyramulosin	*C. mollissimum*	Santiago *et al.*, (2012)
27	Tenuifolide A	*C. tenuifolium*	Rong *et al.*, (2009)
28	Isotenuifolide A		
29	Tenuifolide B		
30	Secobutanolide		
31	Kotomolide A	Leaves of *C. kotoense*	Cheng *et al.*, (2006)
32	Isokotomolide A		
33	α-Thujene	*Bark of C. altissimum* Kosterm	Siddiq *et al.*, (2014)
34	Sabinene		
35	coumarin (1,2-benzopyrone)	Bark of *Ceylon cinnamon*	Ranasinghe *et al.*, (2013)

d. **Utilizações medicinais da casca de canela**

O quadro 1.3 apresenta algumas das utilizações medicinais da canela (Lu *et al.*, 2012).

Sr. No.	Treatment of	Uses
01	Digestive system	• Cinnamon bark has antivomitive, antiulcer, stomach and carminative properties. • The cinnamon oil stimulate gastric and salivary juices which help in digestion due to its antibiotic activities. • It is very good to cure abdominal pain and acidity. • It lowers the cholesterol and blood sugar level.
02	Anorexia	➢ Cinnamon aids for stimulating appetite due to its special aroma which helps in digestion and whets the appetite.
03	Nausea	➢ Camphor present in cinnamon is best for the treatment of nausea and vomiting.
04	Respiratory system	➢ Cinnamon expel mucus and minimize the inflammation of respiratory tract or bronchitis. ➢ It is also useful in cold and cough.
05	Circulatory system	➢ Cinnamon improves blood circulation in the body due to its antithrombotic, antiplatelet and antiesclerotic properties.
06	Chilblains	➢ It helps in improving the condition of patients suffering from cold or snow by improving circulation and increasing body temperature.
07	Parasite	➢ Cinnamon is used for the treatment of scabies, ringworm.
08	Urinary incontinence	➢ It has an astringent properties and aid in urinary problems.
09	Fungus	➢ Cinnamon bark has remarkable result for the cure of athlete's foot and nail fungus.

e. Importância culinária da casca de canela

O quadro 1.4 mostra a importância culinária da casca de canela.

Sr.No.	Uses
01	**As a spice:** Cinnamon is used as a spice in food, rice, meat, cakes etc.
02	**As a flavouring agent**: It is used in beverages, gums and colas as a flavoring agent because of its good aroma and flavor.
03	**In industry**: On commercial scale, cinnamon oil is used in making toothpaste, lotions, soaps, detergents, cosmetics as in perfume industry due to its rich aroma and other pharmaceutical products e.g. in making syrups to cure cold and nasal sprays.

1.3.2 GÉNERO BRASSICA

Brassica é um género de plantas da família da mostarda (Brasicaceae), anteriormente conhecida como família Cruciferae ou crucífera, daí também serem chamadas crucíferas. Inclui mais de 30 espécies selvagens (Caulis 2013). A maioria das espécies do género Brassica é utilizada como raízes, caule, folhas, botões, sementes e flores comestíveis. A planta da mostarda está amplamente distribuída nas planícies sub-himalaicas do subcontinente indiano, sendo geralmente cultivada pelas suas folhas e sementes oleaginosas. É uma cultura de inverno, e as suas folhas são saborosas de novembro a março. Normalmente, as suas folhas verdes jovens são colhidas quando a planta atinge uma altura de cerca de 2 pés e utilizadas como legume de folha verde. As folhas frescas de mostarda têm um verde profundo, folhas largas com superfície plana, dependendo do tipo de cultivar (Peter *et al,* 1976). Brassica inclui B. balearica, B. carinata, B. elongata, B. fruticulosa, B. hilarionis, B. juncea, B. napus, B. narinosa, B. nigra, B.oleracea, B. perviridis, B. rapa (syn *B. campestris),* B. septiceps etc. (Song *et al.,* 2006).

a) BRASSICA CAMPESTRIS

A Brassica campestris é também designada por Brassica rape e o seu nome comum é mostarda dos campos. A semente oleaginosa é geralmente designada por canola. (Clive, S., 1997). Tem uma flor amarela brilhante e é cultivada na Ásia desde o século V. A mostarda é um vegetal anual de estação fria e a sua época de floração vai de junho a novembro (James *et al,* 1994).

Fig-1.2: Fotografia das folhas da planta *Brassica campestris*.

b) Classificação botânica de *Brassica campestris*

O quadro 1.5 apresenta a classificação botânica da planta *Brassica campestris* (Chardin *et al.*, 2003).

Domain	Eukarya
Kingdom	Plantae
Division	Angiosperms (flowering plants)
Class	Eudicots
Order	Brassicales
Family	Brassicaceae
Genus	Brassica
Species	*Brassica rape*

c) Compostos químicos isolados do género Brassica

O quadro 1.6 apresenta os compostos químicos isolados do género Brassica.

Sr. No	Chemical compounds	Different species of Brassica.	Reference
1	Quercetin	*B.napus, B.rape, B. juncea*	Li *et al.*, (2010), Harbaum *et al.*, (2007), Fang *et al.*, (2008)
2	Kaempferol	*B. juncea, B.oleracea*	Fang *et al.*, (2008), Llorach *et al.*, (2003)
3	Isorhamnetin	*B. juncea*	Fang *et al.*, (2008)
4	Pelargonidin	*B.napus*	Li *et al.*, (2010)
5	Cyaniding	*B. juncea*	Fang *et al.*, (2008)
6	Delphinidin	*B.pervidis*	Crozier *et al.*, (2006)
7	Peonidin	*B.rape*	Harbaum *et al.*, (2007)
8	Isorhamnetin 3-O-glucoside-7-Oglucoside		
9	S-methyl cysteine sulfoxide	*B.oleraceae, B.napus.*	Howard *et al.*, (1992)
10	Indolylmethyl glucosinolate	*B.oleraceae*	Llorach *et al.*, (2003)
11	*p*-coumaric acid	*B.napus*	Li *et al.*, (2010)
12	Sinapic acid	*B.napus, B. juncea, B.olerace*	Li *et al.*,(2010), Fang *et al.*, (2008)
13	Ferulic acids		
14	Glucosinolates (*β*-thioglucoside-*N*-hydroxysulfates)	*B. narinosa*	Jed *et al.*, (2001)
15	Kaempferol 3-sinapoyltriglucoside-7-diglucoside	*B.oleraceae*	Llorach *et al.*, (2003)
16	Apigenin	*B.rape, B.juncea*	Harbaum *et al.*, (2007), Fang *et al.*, (2008)

d) Utilizações medicinais da planta da mostarda

O quadro 1.7 apresenta algumas das utilizações medicinais da mostarda (Yadap *et al.*, 2004, Velisek *et al.*, 1995).

Sr. No.	Treatments	Uses
1	Abdominal cure	Dark green leaves of mustard plant has much fiber which helps to control cholesterol level by interfering with its absorption in the gut. Therefore help in smooth bowel movement which reduces the risk of colon cancer, constipation and hemorrhoids.
2	Health promotion	Mustard greens, are the store house of phyto nutrients as well as vitamins and minerals which help in diseases prevention.
3	Cure of Alzheimer disease	They are good source of vitamin –K, so help in cure of Alzheimer disease by reducing neuroral damage.
4	Cancer treatment	Mustard leaves are best cure of prostate, colon, breast, and ovarian cancers due to their antioxidant property in order to inhibit cancer cell growth.

5	DNA synthesis	Fresh leaves are a big source of vitamin B-complex such as folic acid, riboflavin, thiamin etc. hence reducing the defect of neural tube in newborn babies.
6	Viral infections	Fresh mustard leaves have vitamin–C which protect the body from viral infections as well as free radical injury due to its anti- oxidant activity.
7	Eye treatment	They have incredible sources of vitamin-A which helps for good eye sight and it also maintains skin.
8	Antibacterial	Allyl isothiocyanate has antimicrobial and antifungal activity, and the antibacterial effect of mustard flour and oil has been evaluated for application in the processed meat industry for its inhibitory effect on Escherichia coli and salmonella.
8	Miscellaneous	As it is a well source of minerals as calcium, iron, potassium, zinc etc. so it helps in preventing the diseases of arthritis, anemia, osteoporosis and cardiovascular diseases.

e) **Importância culinária da planta da mostarda**

O quadro 1.8 apresenta as utilizações culinárias da planta da mostarda (Cavanaugh *et al*, 2008).

Sr. No	Uses
1	As a condiment: In cold meat it is used as a condiment by mixing dry mustard with water.
2	It is also used as a main ingredient of mayonnaise, mustard soup, barbecue sauce etc. and also used in a food preparation as a dish.
3	As an emulsifier: It can stabilize two or more immiscible liquids such as water and oil so act as an emulsifier.
4	It can also inhibit curdling.
5	Mustard seeds are used extensively in oil production.

1.3.3 GÉNERO PHASEOLUS

O género Phaseolus pertence à família Fabaceae, vulgarmente designada por feijão-bravo. Inclui 70 espécies de plantas e está amplamente distribuído na América, principalmente no México. A espécie mais simples deste género é o feijão comum, *P. vulgaris,* que é cultivado em condições tropicais e temperadas (Delgado *et al.*, 2011).

As espécies comuns do género Phaseolus são *P. acutifolius, P.polymorphus, P. vulgaris, P. maculatus, P. coccineus, P. augustii, Pfiliformis, P. parvulus, P.nelsonii, P. rosei, P. lunatus*, etc. (Rosales *et al.*, 2005).

a. PHASEOLUS VULGARIS

O Phaseolus vulgaris, vulgarmente designado por feijão comum, é uma planta herbácea pertencente ao género Phaseolus. É utilizado como semente seca ou fruto verde. As suas folhas são utilizadas como palha para forragem. O feijão é produzido em todos os continentes, exceto na Antárctida, sendo a maior produção na Índia e no Brasil (Paul, 1998). O feijoeiro comum varia entre 20 e 60 cm, com folhas alternas verdes ou roxas. Os feijões são lisos, em forma de rins, com 1,5 cm de comprimento e de cor variada. Os feijões vermelhos comuns são a principal fonte de proteínas, amido e fibra alimentar com ferro, potássio, folato e tiamina (Choi *et al.*, 2004).

Fig-1.3: Fotografia da planta *Phaseolus vulgaris* e do feijão.

b. Classificação botânica de *Phaseolus vulgaris*

O quadro 1.9 apresenta a classificação botânica da planta ***Phaseolus vulgaris*** (Paul, 1998)

Domain	Eukarya
Kingdom	Plantae
Division	Angiosperms (flowering plants)
Class	Eudicots
Order	Fabales
Family	Fabaceae
Tribe	Phaseoleae
Genus	Phaseolus
Species	*Phaseolus vulgaris*

c. Compostos químicos isolados do género Phaseolus

O quadro 1.10 apresenta os compostos químicos isolados do género Phaseolus.

Sr. No.	Chemical compounds	Different species of *Phaseolus*	Reference
01	Lysine	*P.vulgaris*	Rui *et al.*, 2011.
02	Gallic acid	*P. lunatus*	Seidu *et al.*, 2014
03	Caffeic acid		
04	Ellagic acid	*P. lunatus*	Seidu *et al.*, 2014
05	Rutin,		
06	Quercetin		
07	Kaempferol		
08	Tocopherol		
09	*β*-carotene		
10	*α*-globulins	*P. Angularis.*	Johns *et al.*, 1922.
11	*β*-globulins		
12	Phytic acid	*P.vulgaris*	George *et al.*, 1975.
13	Saponins	*P.vulgaris*	Curl *et al.*, 1988
14	Trypsin	*P.vulgaris*, *P. Angularis*	Weder *et al.*, 1997;Urbano *et al.*,2000
15	Phylloquinone	*P.vulgaris*, *P. Angularis*	Urbano *et al.*,2000
16	*β*-sitosterol	*P.vulgaris*	Gv *et al.*, 1983
17	Campesterol		
18	Stigmasterol		
19	Ferulic acid		
20	*p*-coumaric acid	*P.vulgaris*	Luthria *et al.*, 2006
21	Sinapic acid		

d. Utilizações medicinais do *Phaseolus vulgaris*

O quadro 1.11 mostra algumas das utilizações medicinais do feijão vermelho (Adebawomo *et al.*, 2005; Kabagambe *et al.*, 2005).

Sr. No.	Treatments	Uses
01	Heart diseases	Due to the good amount of folate in red beans, it helps in prevention of cardiovascular diseases. Similarly Vitamin B9 helps to eliminate homocysteine, a toxic substance that can lead to severe artery damage. The soluble fiber present in red kidney beans forms a gel like substance in the digestive tract, which in turn binds with bile having cholesterol and removed from the body which shows that it is good for heart and health.
02	Anti- aging	Due to the presence of antioxidants as proanthrocyanidins, red beans have strong power of anti-aging property by preventing the body and skin from environmental factors and unhealthy food.
03	Blood sugar level	As carbohydrates, fiber and proteins present in beans helps to control blood sugar level of the body.
04	Weight loss	Due to the regulation of blood sugar level in the body, kidney beans also helps to control obesity by removing excess fat and producing less insulin released by pancreas, because more insulin enhances fat storage in the body.
05	Neurodegenerative diseases	Due to the presence of phenolic compounds, it helps in neurodegenerative diseases.
06	Breast cancer	Intake of flavonols or flavonols rich food as present in kidney beans help in reduction of risk of breast cancer.
07	Colon and rectal cancer	Since beans are rich in fibers, so they help to reduce the risk of colon and rectal cancer.

e. Importância culinária do *Phaseolus vulgaris*

A Tabela 1.12 mostra a importância culinária do *Phaseolus vulgaris* (Queiroz *et al., 2002).*

Sr. No	Uses
01	It is used as a food in the form of salad.

1.3.4 GÉNERO MENTHA

A Mentha, também chamada hortelã (fértil e não híbrida), é um género de plantas que pertence à família Lamiaceae. O género Mentha tem 25 espécies de ervas aromáticas. As espécies deste género estão amplamente distribuídas pela Europa, América do Norte, Ásia, Austrália e África. A planta inclui um caule quadrado, folhas espiraladas ou opostas que são iguais em tamanho e forma e os bordos das folhas podem ser dentados ou lisos, quando esmagadas têm sabores específicos de determinadas espécies. Ao longo do caule, as flores azuis a lavanda ou brancas desabrocham em espirais (Aflatuni *et al.,* 2005; Rose *etal.,* 1981). As espécies comuns do género Mentha são M. *spicata, M.aquatica,* M. *arvensis,* M. *piperita,* M. *laxiflora,* M. *suavis,* M. *diemenica,* M. *cervina,* M. *canadensis,* M. *pulegium,* M. *citrate,* etc. (Bunsawat *et al.,* 2004).

a. MENTHA SPICATA

A Mentha *spicata*, também conhecida como hortelã comum ou hortelã-verde, é uma espécie de hortelã, amplamente distribuída na Ásia, África, Europa Central e Canadá. Encontra-se a crescer nas bermas das estradas e em locais de lixo, bem como em locais húmidos e ensolarados. As folhas são curtas, verdes brilhantes e enrugadas e o caule tem forma quadrada. As flores são cor-de-rosa e brancas com 2,5-3 mm de comprimento (Hussain *et al.,* 2010).

Fig-1.4: Fotografia das folhas da planta Mentha *spicata*.

b. Classificação botânica da *mentha spicata*

A Tabela 1.13 mostra a classificação botânica da planta *mentha spicata* (Harley *et al.*, 2004).

Domain	Eukarya
Kingdom	Plantae
Division	Angiosperms (flowering plants)
Class	Eudicots
Order	Lamiales
Family	Lamiaceae
Tribe	Mentheae
Genus	Mentha
Species	*mentha spicata*

c. Compostos químicos isolados do género Mentha

O quadro 1.14 apresenta os compostos isolados do género Mentha.

Sr.No.	Chemical compound	Species	References
1	Menthone (longifone)	*M. longifolia*	Ali *et al.*, 2002
2	β-sitosterol glycoside		
3	Flavanone-glycoside		
4	Isopiperitenone	*M. rotundifolia*	Handa *et al.*, 1964;
5	*cis*-salvianolic acid J	*M. haplocalyx*	She *et al., 2010*
6	Lithospermic acid		
7	Rosmarinic acid		
8	Lithospermic acid		
9	Magnesium lithospermate		
10	Sodium lithospermate B		
11	Menthol	*M.arvensis*	Kokkini, 1991
12	Linalool	*M. longifolia*	
13	Trans- Sabinene hydrate	*M.candicans*	
14	Piperitenone oxide	*M. longifolia, M. spicata*	
15	Trans piperitone oxide	*M. suaveolens*	
16	Menthofuran	*M.aquatica*	
17	Piperitone	*M.puligium*	
18	Carvone	*M.spicata*	
19	Cis- Dihydrocarvone	*M.rotundifolia*	
20	α Terpinyl acetate	*M. x verticillata*	

21	Linalyl acetate	*M. citrata*	
22	Cis carvyl acetate	*M. suaveolens*	Kokkini, 1991
23	Menthyl acetate	*M. x dumetorum*	
24	Limonene	*M.spicata*	Aggarwal *et al.*, 2002
25	Sideritiflavone	*M.spicata*	Yamamura *et al., 1998*
26	Catechin	*M.spicata*	Bimakr *et al., 2011*
27	Epicatechin		
28	Naringenin		
29	Apigenin		
30	Luteolin		
31	Myricetin		
32	Rutin		

d. Utilizações medicinais da *Mentha spicata*

O quadro 1.15 apresenta algumas das utilizações medicinais da hortelã (Jamila *et al.,* 2015).

Sr. No.	Treatments	Uses
01	Allergy	Due to the presence of rosmarinic acid as an antioxidant, mint plants are used to cure seasonal allergy symptoms.
02	Common Cold	As menthol present in mint, is a natural decongestant that helps to break up mucus and phlegm. Similarly mint is also good to cure sore throat by combined it with tea.
03	Indigestion	It helps to cure digestion by improving the flow of bile through the stomach and calm the stomach.

04	Irritable bowel syndrome (IBS)	Peppermint oil is an effective and safe treatment who suffer from abdominal pain or discomfort associated with IBS.
05	Skin	Mint has the cooling and calming effect in the form of mint oil, when affected by rash or insect bites.
06	Miscelleneous	Mint is used to cure cancer, toothaches, nerve pain, cramps etc. due to its essential oil.

e. Importância culinária da *Mentha spicata*

A Tabela 1.16 mostra a importância culinária da hortelã (Jamila *et al.*, 2014; Hunt *et al.*, 2013; Bayat *etal.*, 2014).

Sr.No	Uses
01	The leaf, fresh or dried, is the culinary source of mint. Fresh mint is usually preferred over dried mint when storage of the mint is not a problem. The leaves have a warm, fresh, aromatic, sweet flavor with a cool aftertaste, and are used in teas, beverages, candies, and ice creams.
02	**Room scent and aromatherapy:** Since ancient times, mint is commonly used as a room deodorizer. Today, due to its essential oil, it is used in aromatherapy.
03	**Insecticides:** Mint oil are usually used to kill common pests as ants, wasps, cockroaches etc.
04	**Traditional medicine and cosmetics:** Menthol is a common ingredient of many cosmetics and perfumes due to its aroma.
05	**Flavoring agent:** Spearmint is used in food and beverages as a flavoring agent.
06	**Miscellaneous:** Mint due to the presence of menthol, used in chewing gums, desserts, candies, jellies, syrups etc.

1.4 ACTIVIDADE ANTIOXIDANTE

Diz-se que uma molécula é antioxidante quando impede a oxidação de outras espécies, ou seja, átomos, iões ou moléculas. Como a oxidação é um processo químico que compreende a perda de electrões e um aumento do estado de oxidação, a reação dá origem a radicais livres que normalmente iniciam reacções em cadeia. Uma reação em cadeia normalmente danifica a célula quando ocorre numa célula. Mas estas reacções em cadeia podem ser travadas através da adição de antioxidantes. A função dos antioxidantes é impedir as reacções de oxidação, removendo os intermediários dos radicais livres e oxidando-os eles próprios. Desta forma, os antioxidantes são agentes redutores e a sua atividade é designada por atividade redutora. Os antioxidantes mais comuns são o ácido ascórbico (vitamina C), os tióis ou os polifenóis (Sies, H., 1997).

> Antioxidantes naturais

A vitamina A, a vitamina C, a vitamina E, os compostos polifenólicos, os flavonóides e os carotenóides encontram-se universalmente em muitos frutos e legumes e são oxidantes naturais. Estes compostos impedem os danos causados pelos radicais livres, o que reduz as doenças crónicas graves (Diplock *et al.*, 1998).

- Ácido ascórbico

O ácido ascórbico é um composto orgânico com propriedades antioxidantes. É facilmente solúvel em água e dá origem a soluções ligeiramente ácidas. Os iões ascorbato têm valores de pH específicos. É oxidado pela remoção de electrões e forma ácido dehidroascórbico que, por fim, reage com espécies reactivas de oxigénio, como o radical hidroxilo. Esta reação, ou seja, os iões ascorbato, termina a reação radicalar em cadeia através do método de transferência de electrões.

$$RO\bullet + C_6H_7O_6^- \rightarrow RO- + C_6H_7O_6^\bullet \rightarrow\rightarrow ROH + C_6H_6O$$

Esta forma oxidada do ião ascorbato é muito pouco reactiva e não causa danos celulares.

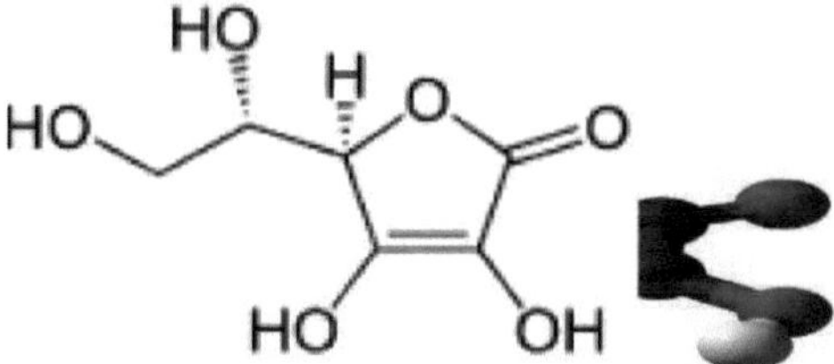

F ig-1.5: A estrutura do antioxidante ácido ascórbico (vitamina C).

>Antioxidantes sintéticos

T s antioxidantes sintéticos utilizados para a atividade antioxidante são os seguintes;

- Hidroxianisol butilado (BHA)
- Hidroxitolueno butilado (BHT)
- Teriary Butyl Hydro Quinone (TBHQ)
- Galato de propilo (PG)

> Utilizações dos Antioxidantes

Os antioxidantes são úteis para diminuir e parar os danos causados pelas reacções dos radicais livres porque têm a capacidade de denotar os electrões que, por sua vez, neutralizam o radical livre. Desta forma, estes antioxidantes podem reduzir o risco de doenças crónicas e também impedir a formação de gomas que inibem o funcionamento dos motores de combustão interna (Dabelstein *et al.,* 2007). Os antioxidantes são utilizados como ingredientes em vários produtos alimentares e como medicamentos para inibir o processo de oxidação. (Halliwell *et al.*, 1999).

1.5 Radicais livres

Qualquer átomo ou molécula que tenha um único eletrão não emparelhado na sua camada de valência é designado por radical livre. Os radicais livres podem ter carga positiva, carga negativa ou ser neutros e são instáveis e altamente reactivos (Erbas *et al.,* 2011).

Os danos causados pelos radicais livres estão associados a danos oxidativos em muitas estruturas biológicas. O oxigénio é um elemento necessário para a vida humana, mas, ao mesmo tempo, pode ser perigoso para a vida em condições específicas. Ao formar espécies reactivas de oxigénio, este oxigénio pode causar efeitos nocivos graves. Estas espécies reactivas de oxigénio são designadas por radicais livres (Kumar, S., 2011).

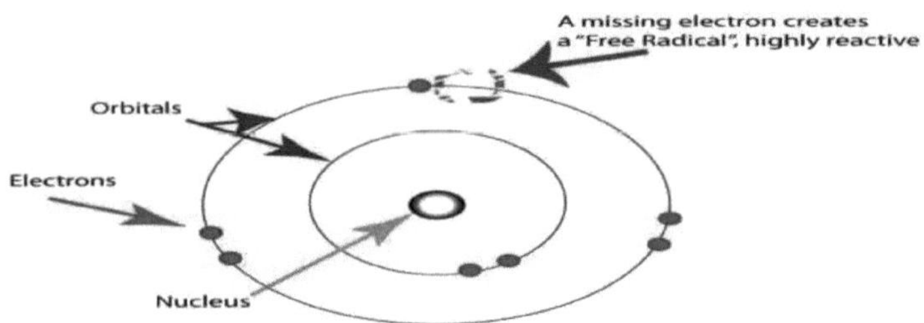

Fig-1.6: Formação de radicais livres

Os radicais livres mais comuns são o radical hidroxilo (HO-), o radical superóxido (O_2^-), o radical peroxilo lipídico (LOO-) e o radical óxido nítrico (NO-). A formação de radicais livres ocorre nos processos metabólicos do corpo humano. Estas espécies reactivas também podem entrar no organismo com a ajuda do ambiente externo, como os poluentes atmosféricos, o fumo do cigarro, a luz ultravioleta, os produtos químicos industriais, a radiação e certos medicamentos (Keaney *et al.,* 1994).

> **Doenças causadas por radicais livres**

Os radicais livres presentes no corpo podem causar muitas alterações com a idade em todo o corpo. Estas alterações são por vezes afectadas por factores ambientais e genéticos e tornam-se perigosas. Desta forma, causam muitas doenças no corpo, como o cancro e a aterosclerose, que acabam por levar à morte, porque a reação dos radicais livres inclui uma dieta rica em lípidos, que forma peróxido. Estes compostos provocam alterações na parede arterial. O tumor também é causado por este facto devido à radiação (Harmann, D. 1988).

1.6 Avaliação do teor de antioxidantes nos alimentos

Os diferentes ensaios para avaliar o teor de antioxidantes nos alimentos são os seguintes;

- Conteúdo fenólico total
- Ensaio de eliminação do radical DPPH (2,2 - Difenil -1- picrilhidrazil)
- Teor total de flavonóides
- Ensaio Frap (poder antioxidante redutor férrico)
- Ensaio de fosfomolibdato
- Reduzir o ensaio de potência
- Ensaio de peroxidação lipídica
- Ensaio de descoloração do ácido radical catiónico ABTS (2,2' - Azinobis(3-Etilbenzo Tiazolina)-6-Sulfanólico)

1.6.1 Conteúdo fenólico total

O ensaio do teor de fenólicos totais é conhecido como ensaio Folin - Ciocalteu e também designado por método de equivalência do ácido gálico. O seu nome deriva de Otto Folin, Vintila Ciocalteu e Willey Glover Denis. Este ensaio é utilizado para avaliar a quantidade de fenólicos presentes num determinado extrato de planta (Phipps *et al.,* 2007). O método original foi desenvolvido pela primeira vez em 1927 e foi utilizado para a análise da tirosina. Este teste mede normalmente o potencial redutor das amostras (avalia a capacidade redutora do grupo hidroxilo fenólico). Assim, este ensaio é simples, fácil e os resultados são reprodutíveis.

A reação ocorre em meio alcalino e quando os compostos fenólicos reagem com o reagente de Folin - Ciocalteu, ocorre a redução do complexo fosfotúngstico fosfomolíbdico devido à presença de fenólicos na amostra. Em condições básicas, é produzido o anião fenolato que tem o potencial de reduzir o reagente F-C, o que mostra o mecanismo de transferência de electrões nesta reação. O reagente F-C é de cor amarela, mas após a transferência de electrões, torna-se azul, o que é detectado utilizando o espetrofotómetro de UV-visível.

Neste ensaio, o ácido gálico é utilizado como padrão e os resultados são apresentados como equivalentes de ácido gálico (Waterman *et al.,* 1994; Huang *et al.,* 2005).

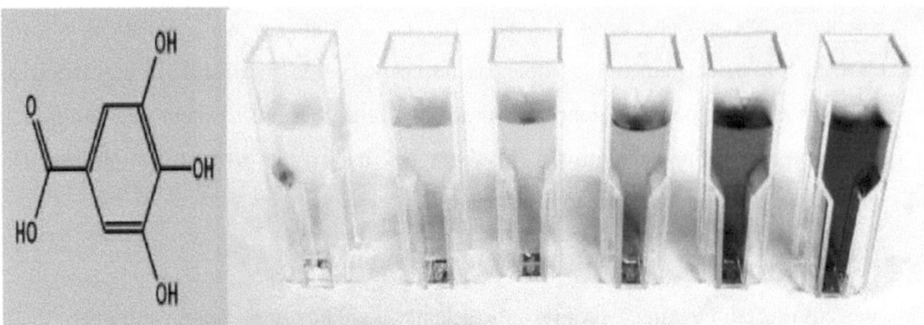

Fig-1.7: Estrutura do ácido gálico e absorvância de diferentes concentrações do reagente FC.

1.6.2 Ensaio de peroxidação lipídica

Trata-se de uma reação em cadeia em que a retirada de um eletrão inicia a reação do radical livre a partir da molécula de lípido. Os antioxidantes impedem a peroxidação dos lípidos, quer através da produção de espécies menos reactivas, quer através da quelação de metais. O tocoferol, um antioxidante, actua perturbando a fase de propogação da reação em cadeia da peroxidação lipídica. O hexanal é geralmente produzido devido à peroxidação lipídica do ácido linoleico através da via do 1,3- hidroperóxido (Robert, S., 2004).

Quando os lípidos insaturados presentes nas gorduras, óleos e alimentos sofrem degradação oxidativa endógena dos lípidos da membrana ou auto-oxidação, formam uma mistura complexa de hidroperóxido lipídico, material polimérico e produto de clivagem da cadeia. O subproduto desta peroxidação lipídica, ou seja, o 4-hidroxinonenal (HNE) e o malondialdeído (MDA), resulta na formação de células espumosas, também conhecidas como toxicidade celular (Esterbauer, H. 1993).

In vitro, este ensaio é utilizado para avaliar a peroxidação lipídica nas amostras. Neste ensaio, os ácidos gordos insaturados são peroxidados e os radicais peróxidos remanescentes, que não são eliminados pelo antioxidante, podem oxidar o Fe^{+2} a Fe^{+3} , e formar um complexo de cor vermelho-sangue com iões tiocianato num meio aquoso, que é detectado por espetrofotómetro de UV-visível. O valor mais elevado da absorvância mostra a elevada oxidação do ácido linoleico (Lee, J.D. 1996).

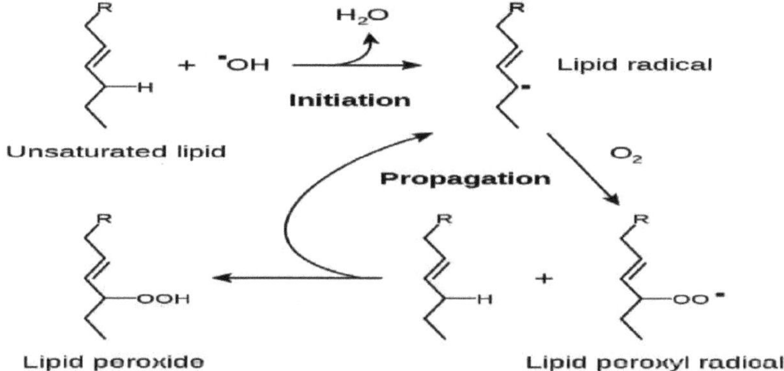

Fig-1.8: Mecanismo da peroxidação lipídica.

1.6.3 Ensaio de eliminação de óxido nítrico

A inibição do radical óxido nítrico foi investigada pela reação de Griess Illosvoy. Este protocolo baseia-se na reação de diazotização utilizando dicloridrato de naftiltildiamina e sulfanilamida em condições ácidas. Este reagente detecta nitritos numa variedade de amostras. O óxido nítrico é formado a partir do nitroprussiato de sódio em pH ácido, que reage com o oxigénio para formar iões nítricos (Chakraborthy, G.S. 2009).

1.7 Isolamento de compostos químicos

Os compostos orgânicos são separados, identificados e quantificados a partir da mistura com a ajuda da **Cromatografia Líquida de Alta Eficiência. A HPLC** é um tipo de cromatografia em coluna.

Os principais componentes deste sistema são um reservatório de solvente, uma coluna, uma bomba de pressão, um sistema de injeção e um detetor.

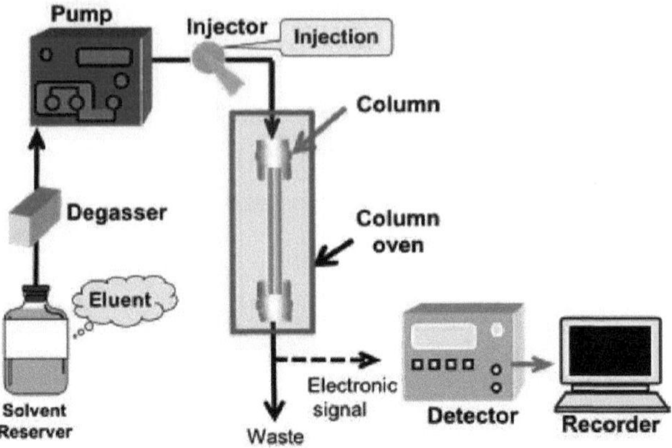

Fig-1.9: Diagrama esquemático da Cromatografia Líquida de Alta Eficiência

Esta cromatografia inclui uma bomba para fazer passar o solvente líquido com a mistura da amostra pela coluna que está cheia de adsorvente sólido. A amostra é transportada por uma corrente de gás portador de azoto e hélio. O azoto é utilizado como gás de nebulização no detetor de dispersão de luz evaporativa (ELSD). Ajuda a evaporar o solvente da amostra e deixa uma névoa que deve ser medida. Do mesmo modo, o hélio é utilizado para desgaseificar a fase móvel, a fim de remover as linhas de base instáveis. Estas linhas de base ocorrem devido ao ar dissolvido. Cada componente da amostra interage com o material adsorvente de uma forma diferente, o que resulta em taxas de fluxo diferentes dos componentes. Isto leva à separação dos componentes da amostra que fluem da coluna. O componente da amostra que é separado é detectado pelo detetor. Estes dados são enviados para o computador para obter o cromatograma. A fase móvel que passa é depois encaminhada para os resíduos ou recolhida, se necessário.

O tempo de retenção da amostra depende da interação entre a fase estacionária, a amostra e a fase móvel. A interação entre a amostra e a fase estacionária depende principalmente das polaridades. A substância a analisar que tem menos interação com a fase estacionária, elui mais rapidamente do que as outras. Existem diferentes tipos de colunas que dependem do material sorvente e do seu tamanho de partícula. Do mesmo modo, consoante a afinidade da amostra com a fase estacionária, podem ser utilizadas diferentes fases móveis. As fases móveis mais frequentemente utilizadas são o metanol e o acetonitrilo.

A técnica de HPLC pode ser utilizada para fins de investigação, médicos e de fabrico, tais como forense. Ambiental, química e farmacêutica. (Gerber, F. 2004).

1.8 OBJECTIVO

Cinnamomum zeylanicum, Brassica campestris, Mentha spicata e *Phaseolus vulgaris* são bem conhecidos pela sua utilização medicinal tradicional. Também são utilizadas como parte da nossa alimentação de rotina. Uma pesquisa bibliográfica indicou que estas plantas alimentares possuem uma atividade antioxidante significativa. Por conseguinte, concebemos esta experiência para investigar os constituintes fitoquímicos activos que são responsáveis pelo potencial antioxidante e pelas actividades de eliminação de radicais livres, bem como para descobrir os constituintes químicos presentes nas mesmas.

MATERIAIS E MÉTODOS

2.1 Condições experimentais gerais

Metanol para imersão, ácido ascórbico, n-hexano, acetonitrilo, clorofórmio, diclorometano, n-butanol, ácido acético glacial, tiocianato de amónio, etanol, nitrato de bismuto, cloreto ferroso, cloreto férrico, iodo, cloreto mercúrico di-hidrogenofosfato de potássio, iodeto de potássio, nitroprussiato de sódio, di-hidrogenofosfato de sódio, carbonato de sódio, cloreto de sódio, hidróxido de sódio, ácido sulfanílico, ácido sulfúrico e solução de amoníaco; todos estes solventes eram de qualidade analítica. Os reagentes químicos, como o reagente de Folin Ciacalteau, o ácido gálico, o ácido linoleico e o cloreto de di-hidrogenodiamina de 1-naftileno etileno, eram da Sigma Aldrich (EUA). O espetrofotómetro de feixe duplo CECIL 7200 U.V.Visible Spectrophotometer foi utilizado para medir a absorvância. O evaporador rotativo Laborota 400 Heidolph foi utilizado para a evaporação. Foi utilizada uma balança de peso (0,001-320gm) da Shimadzu. Para a análise fitoquímica, utilizou-se papel de filtro Whatmann n.º 44 e folha TLC (sílica gel 60). Foi utilizado um aparelho de cromatografia líquida de alta eficiência para detetar a presença de compostos químicos nas amostras de plantas.

2.2 Extração do material vegetal

As folhas frescas de *Brassica campestris* e *Mentha spicata,* os feijões frescos de *Phaseolus vulgaris* e a casca fresca de *Cinnamomum zeylanicum* foram adquiridos no mercado local. Estas plantas alimentares foram secas ao ar, cortadas e trituradas até à forma de pó fino. A planta em pó foi pesada até 500 g e embebida em 1 litro de metanol a 80% e água destilada a 20% durante 7 dias e depois filtrada. O filtrado foi concentrado utilizando a técnica de evaporação a vácuo. O peso do extrato concentrado foi de 250 g, 170 g, 210 g e 285 g para *Cinnamomum zeylanicum*, *Mentha spicata*, *Brassica campestris* e *Phaseolus vulgaris*, respetivamente. Foi designado como extrato metanólico bruto da respectiva planta. Uma quantidade igual dos extractos brutos (6 g) das plantas foi submetida separadamente a um fracionamento utilizando solventes de polaridades diferentes. O pH foi mantido utilizando 20% de ácido acético e 20% de amoníaco. A extração com cada solvente foi feita em triplicado. O fluxograma apresentado abaixo mostra a utilização sistémica de solventes para o fracionamento de extractos brutos.

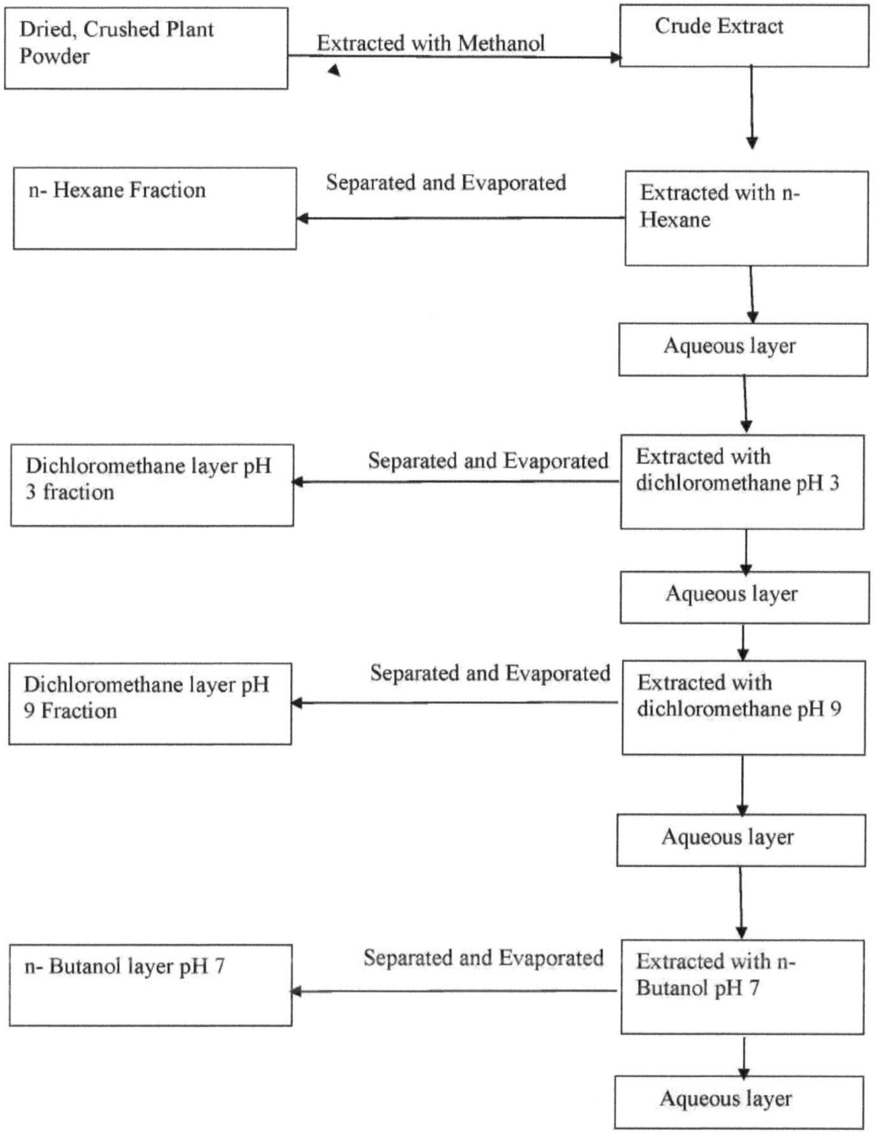

Fig-2.1 Esquema de partição do extrato bruto em vários solventes

Na técnica de extração por solventes, todas as camadas obtidas após o procedimento de extração por solventes foram concentradas utilizando um evaporador rotativo a vácuo. Por este método, foram preparadas as seguintes fracções dos extractos brutos das plantas.

Fracções de plantas:

- Extrato n-Hexano
- Diclorometano pH 3
- Diclorometano pH 9
- n- Butanol pH 7
- Camada aquosa

2.3 Extração de óleo vegetal

As plantas secas foram esmagadas com um misturador comercial e pesadas até 200g. Este material em pó da amostra de planta foi embalado num dedal de papel. Em seguida, foi colocado num extrator Soxhlet, ligado a um condensador e a um balão de fundo redondo de 500 ml. A extração do óleo vegetal foi feita com n-hexano. Foram adicionados 300-350 ml de n-hexano ao balão de fundo redondo. A extração decorreu durante 5-6 horas. Após a conclusão deste processo, o extrato do solvente foi removido por evaporador rotativo sob pressão reduzida. As fracções de óleo obtidas foram secas ao ar, pesadas e armazenadas à temperatura ambiente.

2.4 DETERMINAÇÃO DO TEOR DE FENÓLICOS TOTAIS

Os teores de fenólicos totais foram determinados pelo método abaixo indicado (Gamez-Meza et al., 1999).

- Procedimento

0,2 ml de cada extrato (1 mg/ml) foram misturados com 0,05 ml de reagente FC e 0,2 ml de carbonato de sódio (10 %). As misturas de cor azul foram agitadas cuidadosamente e o volume foi completado até 3 ml com água destilada. A absorvância a 760 nm foi determinada após incubação à temperatura ambiente durante 30 minutos, utilizando um feixe duplo

U.V. Espectrofotómetro visível. O branco foi preparado utilizando o mesmo protocolo, exceto o extrato da amostra. Os testes foram efectuados em triplicado.

2.5 Valor da Peroxidação Lipídica em Sistema de Emulsão de Ácido Linoleico. (Atividade antioxidante)

Este valor de peroxidação lipídica de vários extractos foi determinado por este método (Mitsuda, *et al.,* 1996).

- Procedimento

4 mg de cada extrato e padrão (ácido ascórbico) foram misturados com 4 ml de etanol

absoluto, 4 ml de ácido linoleico a 2,52 % em etanol absoluto, 8 ml de tampão fosfato 0,02 M (pH7) e 3,9 ml de água destilada. A mistura acima referida foi colocada a 40^0 C. A partir desta mistura, 0,1 ml foi então misturado com 9,7 ml de etanol a 75 % (v/v) e 0,1 ml de tiocianato de amónio a 30 %. 3 minutos após a adição de cloreto ferroso (0,1 ml), este complexo de cor vermelha apresenta uma absorvância máxima a 500 nm, que foi verificada no espetrofotómetro UV/Visível. O procedimento foi repetido de 24 em 24 horas até o padrão atingir o seu máximo. Utilizou-se como branco uma solução de 5 ml constituída por quantidades iguais de ácido linoleico e tampão de fosfato de potássio. O ácido ascórbico foi utilizado como padrão e seguiu-se o mesmo protocolo.

A inibição da peroxidação lipídica foi medida utilizando esta fórmula:

$$\% \text{ de inibição da idade} = \frac{\text{Absorvância do branco - Absorvância da amostra}}{\text{Absorvância do branco}} \times 100$$

2.6 Ensaio de eliminação de radicais livres de óxido nítrico (NO)

Foi determinado o método de ensaio de eliminação do radical livre de óxido nítrico (Marcocci, L. *et al.,* 1994).

- **Procedimento**

A solução-mãe das amostras de ensaio foi preparada dissolvendo 3 mg de amostras de ensaio em 1 ml de metanol. A partir da solução-mãe, foram efectuadas diferentes diluições, isto é, 3, 1,5, 0,75, 0,33 e 0,15 mg/ml de amostras de ensaio. Introduziu-se 1 ml de cada diluição em tubos de ensaio separados, juntamente com 1 ml de SNP, para formar a mistura de reação. A mistura foi incubada durante 90 min. a 27° C. Após a incubação, 0,5 ml da mistura de reação foram adicionados a 1 ml de ácido sulfanílico e incubados a 27° C durante 5 minutos. Adicionou-se 1 Ml de NED e incubou-se novamente durante 30 minutos a 27° C. Resultados obtidos por absorvância a 546 nm. O metanol e a vitamina C foram utilizados como branco e referência, respetivamente. A % de inibição foi medida utilizando esta fórmula:

$$\% \text{ de inibição da idade} = \frac{\text{Absorvância do branco - Absorvância da amostra}}{\text{Absorvância do branco}} \times 100$$

2.7 Cromatografia líquida de alta eficiência

A HPLC foi efectuada para identificar os diferentes componentes orgânicos da amostra.

- **Preparação do extrato vegetal**

A amostra de extrato de planta foi preparada dissolvendo 10pL do extrato em 990pL da fase móvel, o que perfaz o volume de 1000pL. O material dissolvido foi filtrado duas vezes e depois submetido a ultra-sons para se obter uma solução límpida.

- **Preparação da fase móvel**

A fase móvel foi preparada dissolvendo 75 ml de acetonitrilo e 0,625 g de tampão de di-hidrogenofosfato de sódio 0,025M em 175 ml de água desionizada. Obteve-se 250 ml de fase móvel. A solução foi filtrada duas vezes e submetida a ultra-sons.

- **Preparação da fase estacionária**

A coluna de fase reversa RP - C18 foi utilizada em HPLC.

- **Caudal**

O caudal foi mantido a 1 ml/min. com um tempo de execução de 35-40 minutos.

RESULTADOS E DISCUSSÃO

3.1 Análise fitoquímica dos extractos de plantas

O rastreio fitoquímico, incluindo diferentes testes químicos utilizados para detetar a presença de terpenóides, taninos, polifenóis e alcalóides em todos os extractos de plantas, foi efectuado e os resultados são apresentados no quadro abaixo.

Quadro 3.1 Deteção de constituintes fitoquímicos de diferentes extractos de plantas

Sr. No.	Phytochemicals	Cinnamon bark	Mint leaves	Mustard plant	Red beans
01	Alkaloids	+	+	+	+
02	Tannins	+	+	+	+
03	Terpenoids	+	+	+	+
04	Polyphenols	+	+	+	+

3.2 Percentagem de rendimento das fracções de plantas alimentares

Para determinar a percentagem de rendimento de várias fracções de *Cinnamomum zeylanicum, Brassica campestris, Mentha spicata* e *Phaseolus vulgaris,* 250 g de cada fração de extrato metanólico bruto foram extraídos pelo método de extração com solventes diferentes, tais como n-hexano, diclorometano a pH 3, diclorometano a pH 9 e n-butanol a pH 7 e o líquido restante foi referido como fração aquosa.

Quadro 3.2 Rendimento percentual das fracções de plantas alimentares

Sr. No.	Fractions	Percent Yield (%)			
		Cinnamomum zeylanicum	*Brassica campestris*	*Mentha spicata*	*Phaseolus vulgaris*
1	n-Hexane	7.392	4.33	10.39	13.77
2	Dichloromethane pH 3	31.83	1.59	34.34	26.07
3	Dichloromethane pH 9	10.187	4.057	23.15	34.69
4	n-Butanol pH 7	7.276	38.13	17.15	11.18
5	Aqueous	43.32	51.20	14.66	14.21
6	Oil	14.48	15.485	13.175	

3.3 Ensaio de teor fenólico total

A curva padrão de ácido gálico foi feita para determinar o conteúdo fenólico total de várias fracções de extractos de plantas. Os resultados são apresentados como mg GAE / g de peso seco.

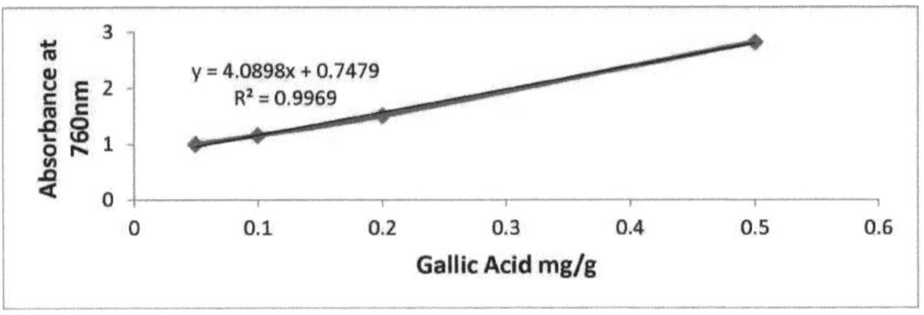

Fig 3.1 Curva de calibração padrão do ácido gálico para determinação do teor de fenólicos totais

A Fig. 3.1 mostra o gráfico do ácido gálico em mg/g em relação à absorvância obtida a 760nm no espetrofotómetro U.V. Visível, que mostra que, com o aumento da concentração de ácido gálico, a absorvância também aumenta. Obtém-se, assim, uma linha reta.

3.3.1 Conteúdo fenólico total das fracções de plantas alimentares

O conteúdo fenólico total de várias fracções de plantas alimentares expresso em mg GAE / g de peso seco é apresentado abaixo.

Quadro 3.3.1 Teor fenólico total das fracções de plantas alimentares expresso em mg GAE / g de peso seco

Sr. No.	Fractions	*Cinnamomum zeylanicum*		*Brassica campestris*		*Mentha spicata*		*Phaseolus vulgaris*	
		100g of Dry weight of food plant fraction	mg GAE / g dry weight	100 g of Dry weight of food plant fraction	mg GAE / g dry weight	100g of Dry weight of food plant fraction	mg GAE /g dry weight	100 g of Dry weight of food plant fraction	mg GAE/g dry weight
01	Crude methanol extract	250.0	21.6 ± 0.36	210.0	85.5 ±1.07	170.0	64.5 ± 0.1	285.0	114.6 ± 1.67
02	n-Hexane	18.48	34.2 ± 0.45	9.08	43.7± .91	17.6	29.8 ± 2.3	39.2	36.8 ± 1.05
03	Dichloromethane pH 3	79.5	146.1 ±0.86	3.3	85.5 ±2.71	58.3	22.5 ± 0.05	74.3	60.6 ± 0.62
04	Dichloromethane pH 9	25.4	53.4 ± 1.30	8.5	63.3± 2.04	39.3	19.2 ± 0.12	97.1	116.4 ± 1.12
05	n-Butanol pH 7	18.1	138.6 ±0.71	80.07	121.8±1.7	29.15	97.2 ± 0.21	31.8	121.8 ± 2.41
06	Aqueous	108.32	77.5 ± 0.89	107.52	69.8 ±2.51	24.92	78.9 ± 0.35	40.5	143.0 ± 1.25

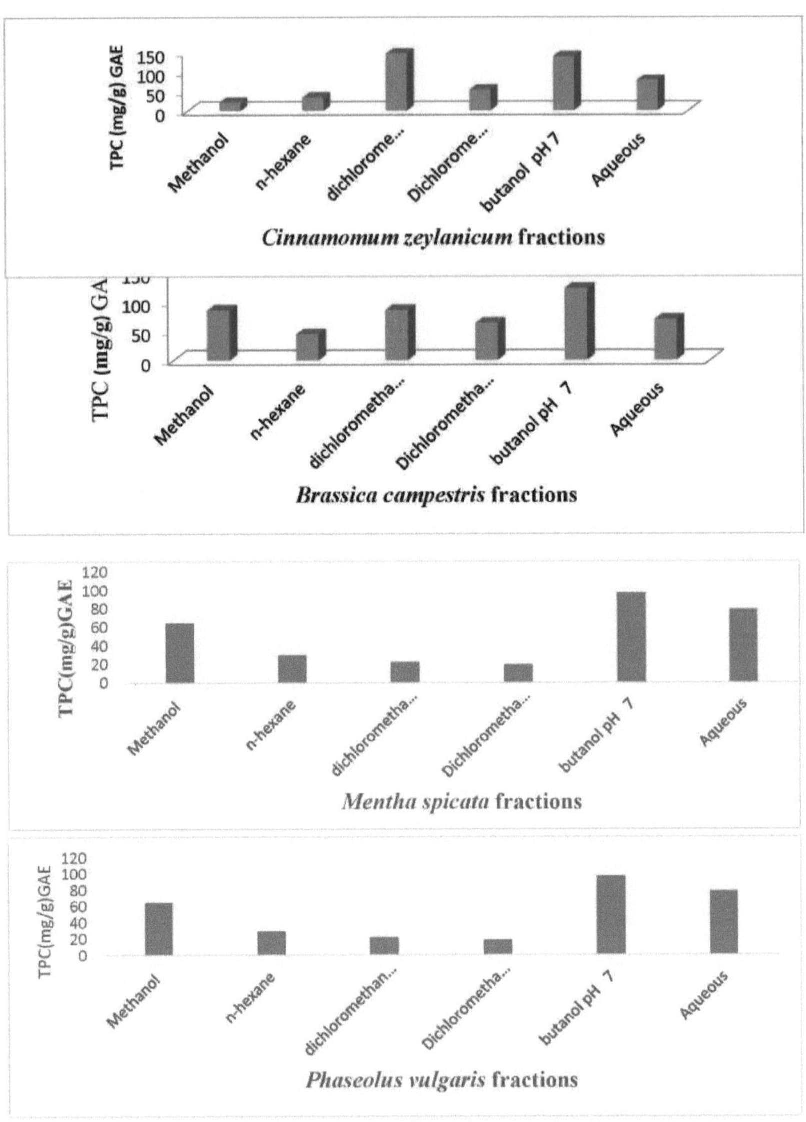

Fig 3.3.1 Conteúdo fenólico total de várias fracções de plantas alimentares

A figura 3.3.1 mostra o conteúdo fenólico total de *Cinnamomum zeylanicum, Brassica campestris, Mentha spicata* e *Phaseolus vulgaris.* Os conteúdos fenólicos totais das fracções destas plantas alimentares estão na ordem seguinte

- *Cinnamomum zeylanicum*

Diclorometano pH 3 > n-Butanol pH 7 > Aquoso > Diclorometano pH 9 > n-Hexano> extrato bruto em metanol

- *Brassica campestris*

n-Butanol pH 7 > Diclorometano pH 3 = extrato bruto de metanol> Aquoso >Diclorometano pH 9 > n-hexano

- *Mentha spicata*

n-Butanol pH 7 > Aquoso > Extrato bruto de metanol> n-Hexano> Diclorometano pH 3 > Diclorometano pH 9

- *Phaseolus vulgaris*

Aquoso > n-Butanol pH 7 > Diclorometano pH 9 > extrato bruto de metanol> Diclorometano pH 3 > n-Hexano

3.3.2 Resultado comparativo do teor fenólico total de várias fracções de plantas alimentares

Quadro 3.3.2 Comparação de várias fracções de plantas alimentares com o equivalente de ácido gálico

Sr. No.	Fractions	*Cinnamomum zeylanicum* (mg/g)	*Mentha spicata* (mg/g)	*Brassica campestris* (mg/g)	*Phaseolus vulgaris* (mg/g)
01	Crude methanol	21.6 ± 0.36	64.5 ± 0.1	85.5 ± 1.07	114.6 ± 1.67
02	n-Hexane	34.2 ± 0.45	29.8 ± 2.3	43.7 ± 0.91	36.8 ± 1.05
03	Dichloromethane pH 3	146.1 ± 0.86	22.5 ± 0.05	85.5 ± 2.71	60.6 ± 0.62
04	Dichloromethane pH 9	53.4 ± 1.30	19.2 ± 0.12	63.3 ± 2.04	116.4 ± 1.12
05	n-Butanol pH 7	138.6 ± 0.71	97.2 ± 0.21	121.8 ± 1.73	121.8 ± 2.41
06	Aqueous	77.5 ± 0.89	78.9 ± 0.35	69.8 ± 2.51	143.0 ± 1.25

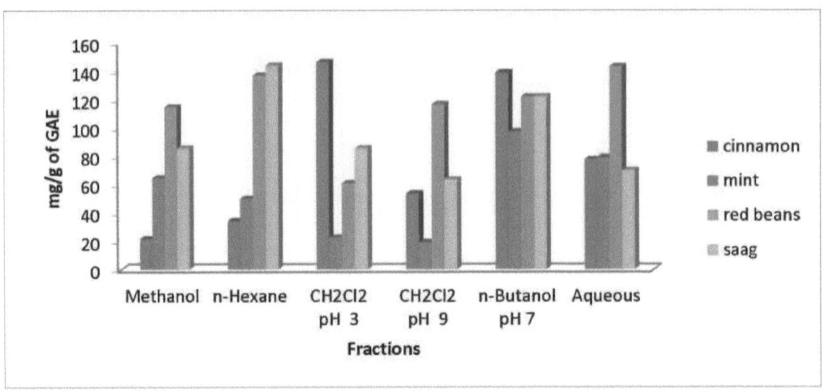

Fig 3.3.2 Comparação dos teores de fenólicos totais das plantas alimentares

A Fig-3.3.2 mostra o gráfico de todas as fracções da planta em relação a mg/g GAE. Tendo em conta os quatro extractos de plantas, a *Phaseolus vulgaris* e a *Mentha spicata* apresentam o maior teor de fenólicos totais na fração aquosa, *a Brassica campestris* apresenta o maior teor de fenólicos totais na fração de n-butanol e *a Cinnamomum zeylanicum* apresenta o valor mais elevado na fração de diclorometano a pH 3.

3.4 Valor da Peroxidação Lipídica em Sistema de Emulsão de Ácido Linoleico

O valor da peroxidação lipídica de diferentes fracções de plantas alimentares foi observado em sistema de emulsão de ácido linoleico. A absorvância das amostras foi determinada a cada 24 horas durante 4 dias a 500nm. O aumento da absorvância indica uma diminuição do valor da peroxidação lipídica.

Quadro 3.4 Valores de inibição percentual do ensaio do ácido linoleico de várias fracções de plantas alimentares

Sr. No	Hours	Crude Methanol	n-Hexane	CH_2Cl_2 pH 3	CH_2Cl_2 pH 9	n-Butanol	Aqueous fraction	Oil fraction	Ascorbic Acid
					Cinnamomum zeylanicum				
1	12	69.6±0.21	30.9±1.36	36.9±0.3	53.3±0.55	70.5±1.01	53.4±0.89	72.4±0.77	73.3±1.15
2	24	72.1±1.75	35.4±0.5	41.4±0.98	57.8±0.45	72.4±0.72	59.8±0.64	76.9±0.4	77.5±0.75
3	48	76.5±1.68	39.3±0.6	45.7±0.75	60.8±0.55	80.4±1.36	63.9±1.19	80.7±1.32	82.5±0.98
4	72	81.5±0.92	51.7±0.92	56.8±0.61	71.9±0.6	85.1±0.5	71.2±1.00	84.6±0.76	91.3±0.90
					Brassica campestris				
5	12	47.6±0.56	13.1±0.70	14.3±0.53	29.5±0.47	47.6±0.5	33.8±0.66	35.9±0.89	73.3±1.15
6	24	65.9±0.38	22.6±0.8	23.1±0.40	37.4±0.59	55.9±0.7	47.5±0.64	43.5±0.72	77.5±0.75
7	48	72.1±0.70	29.2±0.66	28.4±0.43	42.2±0.61	66.1±0.75	57.5±0.67	55.2±0.57	82.5±0.98
8	72	79.03±0.60	43.07±0.7	42.4±0.46	53.6±0.25	77.5±0.72	66.6±0.76	64.1±0.45	91.3±0.90
					Mentha spicata				
9	12	53.4±0.63	21.3±0.42	25.3±0.46	23.4±0.43	62.2±0.65	43.4±0.67	51.8±0.23	73.3±1.15
10	24	63.3±1.83	28.5±0.66	35.9±0.11	45.7±0.76	67±0.76	47.9±0.6	58.4±0.72	77.5±0.75
11	48	67.8±0.95	34.3±0.90	41.6±1.41	52.6±0.57	79.3±0.52	53.04±0.81	65.3±1.40	82.5±0.98
12	72	74.5±0.81	47.5±0.66	53.1±0.81	62.01±0.95	83.6±0.85	62.2±1.006	72.2±1.59	91.3±0.90
					Phaseolus vulgaris				
13	12	43±2.61	31.8±1.20	39.2±1.1	43.2±1.0	23.4±1.01	48.7±1.05	73.3±1.15	43±2.61
14	24	54.2±1.06	36.3±1.01	42.9±0.69	50.7±1.0	31.8±1.03	59.5±0.59	77.5±0.75	54.2±1.06
15	48	65.2±1.7	41.9±0.35	46.3±0.11	54.2±0.61	42.6±0.55	67.4±0.55	82.5±0.98	65.2±1.7
16	72	73.6±0.96	53.4±0.62	56.9±0.47	66.4±0.77	53.9±0.63	76.3±0.49	91.3±0.90	73.6±0.96

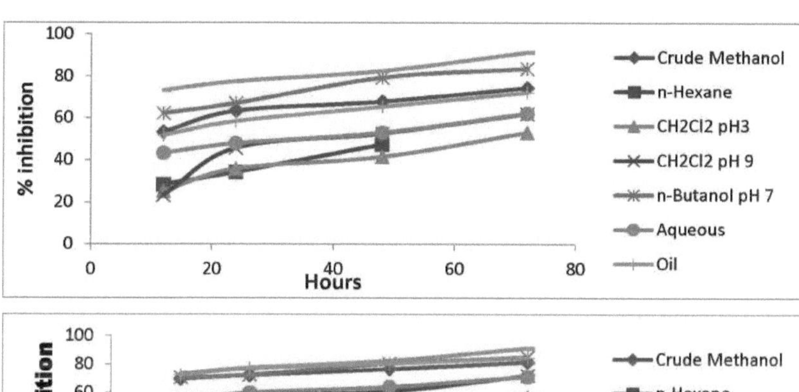

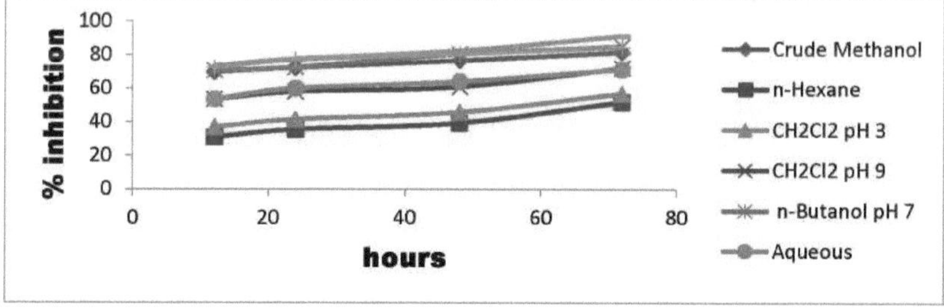

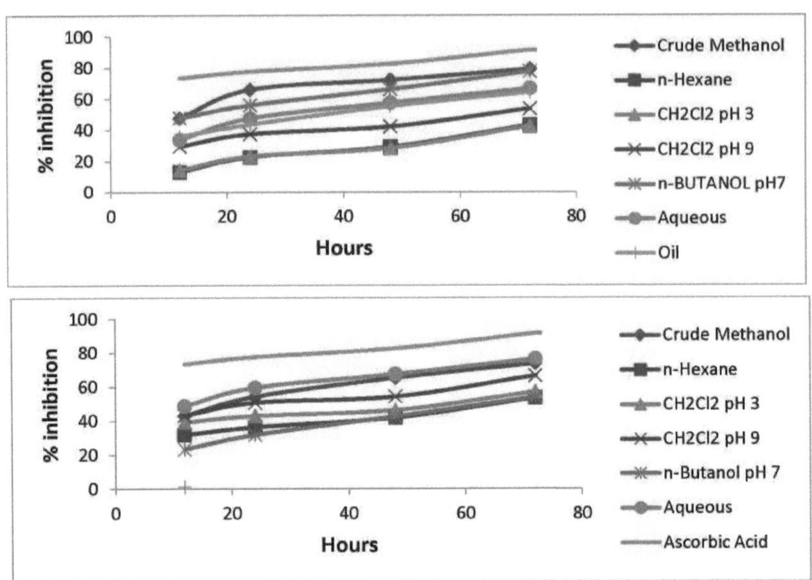

Fig 3.4 Ensaio de emulsão de ácido linoleico de várias fracções de plantas alimentares

A Fig. 3.4 mostra a percentagem de inibição de quatro plantas alimentares em função das horas. O resultado do ensaio de peroxidação lipídica indica que, de 12 horas a 72 horas, o poder de inibição das diferentes fracções de plantas alimentares aumenta, o que demonstra o seu bom potencial antioxidante e está correlacionado com o padrão, ou seja, o ácido ascórbico. A tendência da percentagem de inibição das diferentes fracções é a seguinte

- *Cinnamomum zeylanicum*

  Ácido ascórbico > n-butanol > óleo de canela > metanol bruto > diclorometano a pH 9 > Aquoso > diclorometano a pH 3 > n-hexano

- *Brassica campestris*

  Ácido ascórbico > metanol bruto > n-butanol > Aquoso > óleo > diclorometano a pH 9> n-hexano > diclorometano a pH 3

- *Mentha spicata*

  Ácido ascórbico > n-butanol > metanol bruto > óleo de menta > Aquoso > diclorometano a pH 9> diclorometano a pH 3 > n-hexano

- *Phaseolus vulgaris*

  Ácido ascórbico > Aquoso > Metanol bruto > Diclorometano a pH 9> Diclorometano a pH

3 > N-butanol > N-hexano

3.4.1 Resultado comparativo da peroxidação lipídica de várias fracções de plantas alimentares em relação à sua percentagem de inibição durante 72 horas

O resultado comparativo da peroxidação lipídica de várias fracções de plantas alimentares em relação à sua percentagem de inibição durante setenta e duas horas foi observado e os resultados são apresentados abaixo.

Quadro 3.4.1 Análise comparativa da percentagem máxima de inibição do ensaio do ácido linoleico das fracções de plantas alimentares

Sr. No	Fractions	*Cinnamomum zeylanicum*	*Mentha spicata*	*Phaseolus vulgaris*	*Brassica campestris*	Ascorbic Acid
1	Crude Methanol	81.57±0.92	74.5±0.81	73.6±0.96	79.03±0.60	
2	n-Hexane	51.66±0.92	47.5±0.66	53.4±0.62	43.07±0.75	
3	CH_2Cl_2 pH 3	56.8±0.61	53.1±0.81	56.9±0.47	42.4±0.46	
4	CH_2Cl_2 pH 9	71.9±0.6	62.01±0.95	66.4±0.77	53.6±0.25	
5	n-Butanol	85.1±0.5	83.6±0.85	53.9±0.63	77.5±0.72	
6	Aqueous	71.2±1.001	62.2±1.006	76.3±0.49	66.6±0.76	
7	Oil	84.6±0.76	72.2±1.59		64.1±0.45	
8	Ascorbic Acid					91.34±0.90

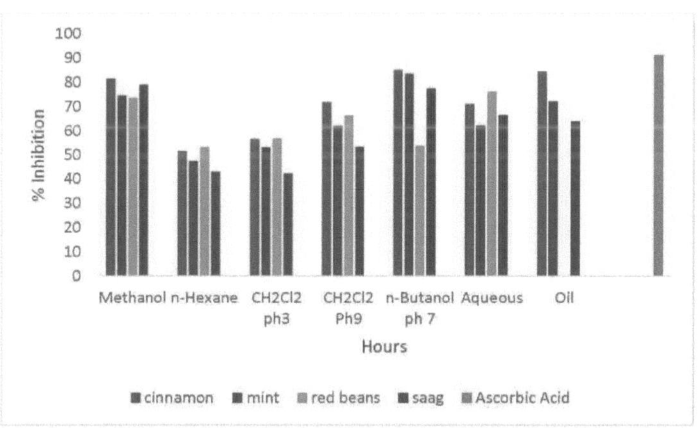

Fig 3.4.1 análise comparativa do ensaio de emulsão de ácido linoleico

A figura mostra a percentagem máxima de inibição de todos os extractos de plantas. A inibição máxima foi mostrada pelo extrato de *Cinnamomum zeylanicum* em metanol bruto, diclorometano a pH 9, aquoso e óleo, enquanto *Phaseolus vulgaris* mostra em n-hexano, diclorometano a pH 3 e em solução aquosa. A tendência das diferentes fracções das quatro plantas é a seguinte:

Crude methanol	Cinnamon > Red beans > Mint > Saag
n-Hexane	Red beans > Cinnamon > Mint > Saag
Dichloromethane pH 3	Red beans > Cinnamon > Mint > Saag
Dichloromethane pH 9	Cinnamon > Red beans > Mint > Saag
n-Butanol	Cinnamon > Mint > Saag > Red beans
Aqueous	Red beans > Cinnamon > Saag > Mint
Oil	Cinnamon > Mint > Saag

3.5 Ensaio de eliminação de radicais livres

O ensaio de eliminação de radicais livres de diferentes fracções de plantas alimentares foi observado com a ajuda do ensaio de óxido nítrico e, em seguida, foi calculada a percentagem de inibição destas fracções de plantas em relação às suas diferentes concentrações

- Valores de inibição percentual de várias fracções de plantas alimentares em função da concentração

Quadro 3.5 Valores de inibição percentual do ensaio de óxido nítrico das fracções de plantas alimentares

Sr. No	Conc.	Crude Methanol	n-Hexane	CH_2Cl_2 pH 3	CH_2Cl_2 pH 9	n-Butanol	Aqueous fraction	Oil fraction	Ascorbic Acid
Cinnamomum zeylanicum									
1	3	77.3±0.46	48.9±0.5	56.8 ±0.61	64.9 ±0.69	68.9 ±0.76	74.8 ±0.15	73.9±0.47	97.34 ±0.37
2	1.5	74.1±0.70	43.1±0.75	51±0.71	56.3 ±0.21	58.04 ±0.5	65.1 ±0.55	71.5±0.63	95.3±1.1
3	0.75	68.6±0.57	36.8±0.64	47.3 ±0.57	48.5 ±0.56	55.6 ±0.78	54.9 ±0.47	62.8±0.47	94.22 ±0.65
4	0.33	64.5±0.61	29.87 ±0.7	41.8 ±0.42	38.4 ±0.43	52.96 ±0.15	44.6 ±0.66	55.9±0.50	92.13 ±0.5
5	0.15	56.9±0.58	23.4 ±0.64	32.9 ±0.74	31.9 ±0.40	50.33 ±0.55	39.3 ±0.57	46.1±0.71	90.12 ±0.90
Brassica campestris									
6	3	79.33 ±0.55	43.69±0.95	42.26 ±0.81	68.94 ±0.64	78.76 ±0.7	64.2 ±1.06	67.9 ±0.85	97.34 ±0.37
7	1.5	58.53 ±0.66	42.45±0.55	37.43 ±0.64	66.86 ±0.70	66.62 ±0.51	48.9 ±0.72	61.7 ±0.84	95.3±1.1
8	0.75	40.13 ±0.78	39.04±0.17	33.98 ±0.80	41.8± 0.85	47.39 ±0.49	31.7 ±0.62	46.4 ±0.66	94.22 ±0.65
9	0.33	32.66 ±0.76	23.89±0.17	22.99 ±1.47	27.15 ±0.95	33.07 ±0.95	24.6 ±0.81	25.8 ±0.87	92.13 ±0.5
10	0.15	30.67 ±0.51	18.06±0.77	19.99 ±0.77	14.65 ±0.86	28.78 ±0.6	20.9 ±0.78	16.8 ±0.64	90.12 ±0.90
Mentha spicata									
11	3	82.4±0.63	48.43±0.98	47.11±1	59.8 ±0.87	75.43 ±0.42	55.2 ±1.11	61.42±0.55	97.34 ±0.37
12	1.5	65.34±0.56	46.64±0.82	42.5 ±1.25	56.31 ±0.56	72.31 ±0.58	51.93 ±0.84	60.26±0.72	95.3±1.1
13	0.75	55.26±0.56	40.98 ±1.0	32.1 ±1.53	41.09 ±0.46	64.32 ±0.55	43.91 ±0.8	51.93±1.00	94.22 ±0.65
14	0.33	44.33 ±0.55	21.34±1.00	24.65 ±1.05	22.31 ±0.53	55.35 ±0.49	42.78 ±0.81	42.6 ±0.55	92.13 ±0.5
15	0.15	36.24 ±1.15	18.09±0.95	21.98 ±0.83	14.32 ±0.58	46.89 ±1.001	33.75 ±0.92	39.56±0.89	90.12 ±0.90
Phaseolus vulgaris									
16	3	67.44 ±0.46	37.11 ±0.9	28.53 ±0.66	21.48 ±0.7	62.76 ±0.88	68.5 ±0.66	-	97.34 ±0.37
17	1.5	42.71 ±1.05	34.86±0.89	27.96 ±0.49	16.55 ±0.78	59.19 ±1.01	59.3 ±1.24	-	95.3±1.1
18	0.75	37.8±0.96	29.08±0.75	20.65 ±1.05	14.99 ±0.65	50.79 ±0.95	44.9 ±1.10	-	94.22 ±0.65
19	0.33	26.72 ±0.85	18.91±1.26	14.99 ±0.87	9.83±0.7	42.97 ±0.58	43.2 ±0.81	-	92.13 ±0.5
20	0.15	22.56 ±0.92	15.82±0.87	2.99 ±1.04	6.16 ±1.00	30.07 ±0.57	31.9 ±0.72	-	90.12 ±0.90
	1.5	42.71 ±1.05	34.86±0.89	27.96 ±0.49	16.55 ±0.78	59.19 ±1.01	59.3 ±1.24	-	97.34 ±0.37

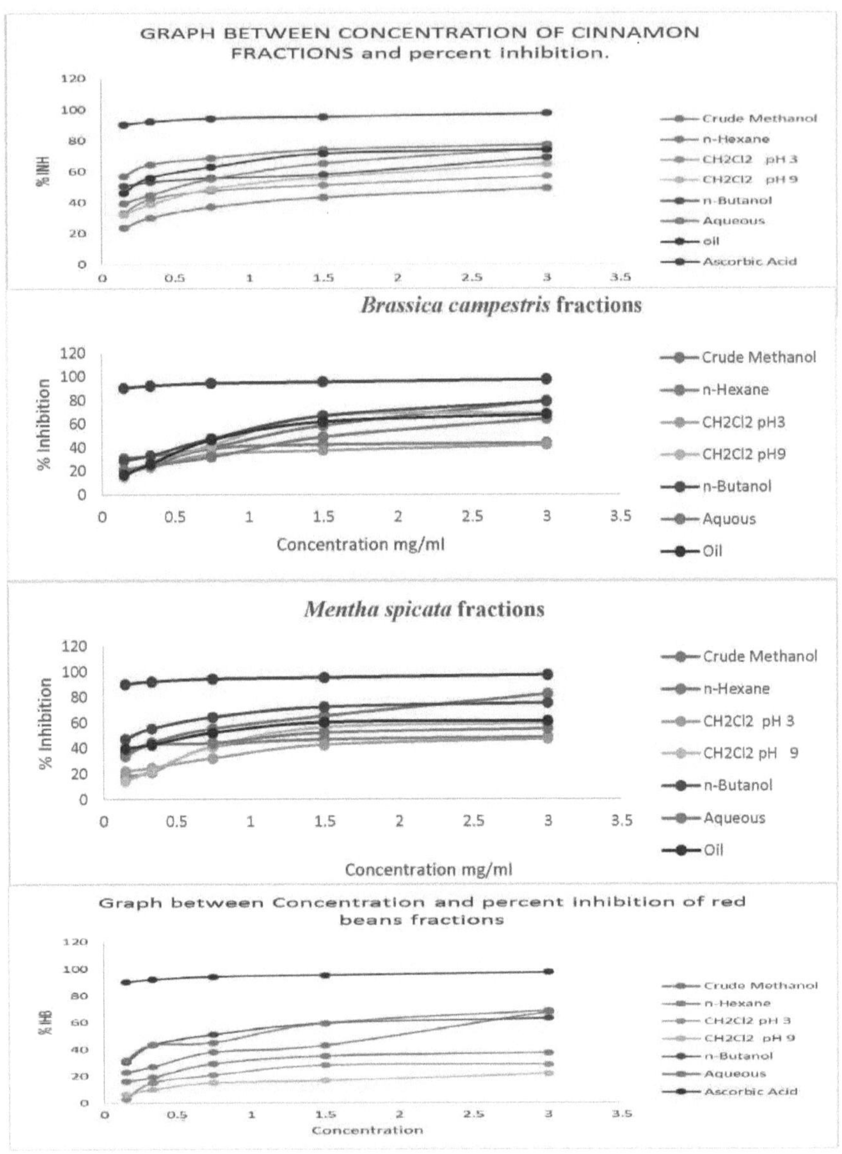

Fig 3.5 Percentagem de inibição do ensaio de óxido nítrico de várias fracções de plantas alimentares

A Fig. 3.5 mostra a percentagem de inibição de quatro plantas alimentares em função da concentração. Este resultado indica que, com o aumento da concentração, o poder de inibição das diferentes fracções de plantas aumenta, o que demonstra o seu bom potencial antioxidante e está correlacionado com o padrão, ou seja, o ácido ascórbico. Foi observada a tendência do potencial de inibição das plantas, que é a seguinte

- *Cinnamomum zeylanicum*
  ácido ascórbico > metanol bruto > n-butanol > Aquoso > óleo > diclorometano pH 9> n-hexano > diclorometano pH 3

- *Brassica campestris*
  ácido ascórbico > metanol bruto > n-butanol > óleo > diclorometano pH 9 > aquoso > n-hexano > diclorometano pH 3

- *Mentha spicata*
  ácido ascórbico > metanol bruto > n-butanol > óleo > diclorometano pH 9 > aquoso > n-hexano > diclorometano pH 3

- *Phaseolus vulgaris*
  ácido ascórbico > Aquoso > metanol bruto > n-butanol > n-hexano > diclorometano pH 3 > diclorometano pH 9

3.6 Comparação de ensaios, ou seja, ensaio de emulsão de ácido linoleico e ensaio de eliminação de radicais livres de óxido nítrico de diferentes fracções de plantas alimentares

A comparação dos dois ensaios, ou seja, a eliminação do radical livre de óxido nítrico e o ensaio de emulsão de ácido linoleico de diferentes fracções de plantas alimentares, ou seja, *Cinnamomum zeylanicum, Phaseolus vulgaris, Mentha spicata e Brassica campestris*, em relação às suas concentrações e dias, é mostrada abaixo.

3.6.1 Comparação da percentagem de inibição de diferentes ensaios da fração de *C. zeylanicum*

A percentagem de inibição das fracções de *C. zeylanicum* obtidas a partir do esquema de extração é submetida a diferentes ensaios, como se mostra a seguir.

Tabela-3.6.1 Comparação da percentagem de inibição de diferentes ensaios da fração de *Cinnamomum zeylanicum*

	Linoleic acid emulsion assay				Nitric oxide scavenging assay				
Fractions	% Inhibition (Hours)				% Inhibition (Concentration mg/ml)				
	01	02	03	04	3	1.5	0.75	0.33	0.15
Crude methanol	69.6 ±0.21	72.1±1.75	76.5±1.68	81.5 ±0.92	77.3 ±0.46	74.1 ±0.70	68.6 ±0.57	64.5 ±0.61	56.9 ±0.58
n-Hexane	30.9 ±1.36	35.4 ±0.5	39.3±0.6	51.7 ±0.92	48.9 ±0.50	43.1 ±0.75	36.8 ±0.64	29.87±0.7	23.4 ±0.64
CH_2Cl_2 pH 3	36.9 ±0.35	41.4±0.98	45.7±0.75	56.8 ±0.61	56.8 ±0.61	51 ±0.71	47.3 ±0.57	41.8 ±0.42	32.9 ±0.74
CH_2Cl_2 pH 9	53.3 ±0.55	57.8±0.45	60.8±0.55	71.9 ±0.6	64.9 ±0.69	56.3 ±0.21	48.5 ±0.56	38.4 ±0.43	31.9 ±0.40
n-Butanol	70.5 ±1.01	72.4±0.7	80.4 ±1.36	85.1 ±0.5	68.9 ±0.76	58.04±0.5	55.6 ±0.78	52.96±0.15	50.33±0.55
Aqueous	53.4 ±0.89	59.8±0.64	63.9 ±1.19	71.2 ±1.001	74.8 ±0.15	65.1 ±0.55	54.9 ±0.47	44.6 ±0.66	39.3 ±0.57
Oil	72.4 ±0.77	76.9 ±0.4	80.7 ±1.32	84.6 ±0.76	73.9 ±0.47	71.5 ±0.63	62.8 ±0.47	55.9 ±0.50	46.1 ±0.71

A Tabela 3.6.1 mostra a percentagem de inibição de todas as fracções de *Cinnamomum zeylanicum* nos ensaios de emulsão de ácido linoleico e de eliminação de radicais livres de óxido nítrico. Estes resultados mostram que, de 12 horas a 72 horas, a percentagem máxima de inibição foi mostrada pelo n-butanol, pelo óleo de *Cinnamomum zeylanicum* e pelo extrato de metanol bruto em comparação com os outros no ensaio de emulsão de ácido linoleico, enquanto na concentração de 3mg/ml, a percentagem máxima de inibição foi mostrada pelo metanol bruto, pela fração aquosa e pelo óleo de *Cinnamomum zeylanicum* no ensaio de eliminação do radical livre de óxido nítrico, o que revelou que as plantas mostram uma inibição máxima nos solventes polares em comparação com os outros.

3.6.2 Comparação da percentagem de inibição de diferentes ensaios com as fracções de *Mentha spicata*

A percentagem de inibição das fracções *de Mentha spicata* obtidas a partir do esquema de extração é submetida a diferentes ensaios, como se mostra a seguir.

Tabela-3.6.2 Comparação da percentagem de inibição de diferentes ensaios da fração de *Mentha spicata*

	Linoleic acid emulsion assay				Nitric oxide scavenging assay				
Mentha spicata Fractions	% Inhibition (Hours)				% Inhibition (Concentration mg/ml)				
	01	02	03	04	3	1.5	0.75	0.33	0.15
Crude methanol	53.4 ±0.63	63.3 ±1.83	67.8 ±0.95	74.5 ±0.81	82.4 ±0.64	65.34± 0.56	55.26 ±0.56	44.33± 0.55	36.24± 1.15
n-Hexane	21.3 ±0.42	28.5 ±0.66	34.3 ±0.90	47.5 ±0.66	48.43± 0.98	46.6 ±0.82	40.98 ±1.0	21.34± 1.00	18.09± 0.95
CH_2Cl_2 pH 3	25.3 ±0.46	35.9 ±0.11	41.6 ±1.41	53.1 ±0.81	47.11± 1	42.5 ±1.25	32.1 ±1.53	24.6 ±1.05	21.98± 0.83
CH_2Cl_2 pH 9	23.4 ±0.43	45.7 ±0.76	52.6 ±0.57	62.01 ±0.95	59.8 ±0.87	56.3 ±0.56	41.09 ±0.46	22.31± 0.53	14.32± 0.58
n-Butanol	62.2 ±0.65	67 ±0.76	79.3 ±0.52	83.6 ±0.85	75.43± 0.42	72.31± 0.58	64.32 ±0.55	55.35± 0.49	46.89± 1.00
Aqueous	43.4 ±0.67	47.9 ±0.6	53.04± 0.81	62.2 ±1.006	55.2 ±1.11	51.93± 0.84	43.91 ±0.8	42.78± 0.81	33.75± 0.92
Oil	51.8 ±0.23	58.4 ±0.72	65.3 ±1.40	72.2 ±1.59	61.42± 0.55	60.26± 0.72	51.93 ±1.00	42.6 ±0.55	39.56± 0.89

A Tabela 3.6.2 mostra a percentagem de inibição de todas as fracções de *Mentha spicata* nos ensaios de emulsão de ácido linoleico e de eliminação de radicais livres de óxido nítrico. Os resultados mostram que, às 72 horas, a percentagem máxima de inibição foi mostrada pelo n-butanol, pelo óleo de menta e pelo extrato de metanol bruto de *Mentha spicata* em comparação com outros no ensaio de emulsão de ácido linoleico, enquanto que, à concentração de 3mg/ml, a percentagem máxima de inibição foi mostrada pelo metanol bruto e pela fração de n-butanol de *Mentha spicata* no ensaio de eliminação do radical livre de óxido nítrico, o que revelou que as plantas mostram uma inibição máxima nos solventes polares em comparação com outros.

3.6.3 Comparação da percentagem de inibição de diferentes ensaios *das* fracções *de Phaseolus vulgaris*

A percentagem de inibição das fracções *de Phaseolus vulgaris* obtidas a partir do esquema de extração é submetida a diferentes ensaios, como se mostra a seguir.

Tabela-3.6.3 Comparação da percentagem de inibição das fracções *de Phaseolus vulgaris*

	Linoleic acid emulsion assay				**Nitric oxide scavenging assay**				
Phaseolus vulgaris	**% Inhibition (Hours)**				**% Inhibition (Concentration mg/ml)**				
	01	**02**	**03**	**04**	**3**	**1.5**	**0.75**	**0.33**	**0.15**
Crude methanol	43±2 .61	54.2 ±1.06	65.2 ±1.7	73.6 ±0.96	67.44 ±0.46	42.71 ±1.05	37.8 ±0.96	26.72 ±0.85	22.56 ±0.92
n-Hexane	31.8 ±1.2	36.3 ±1.01	41.9 ±0.35	53.4 ±0.62	37.11 ±0.9	34.86 ±0.89	29.08 ±0.75	18.91 ±1.26	15.82 ±0.87
CH_2Cl_2 pH 3	39.2 ±1.1	42.9 ±0.69	46.3 ±0.11	56.9 ±0.47	28.57 ±0.66	27.96 ±0.49	20.65 ±1.05	14.99 ±0.87	2.99 ±1.04
CH_2Cl_2 pH 9	43.2 ±1.0	50.7 ±1.0	54.2 ±0.61	66.4 ±0.77	21.48 ±0.7	16.55 ±0.78	14.99 ±0.65	9.83 ±0.7	6.16 ±1.00
n-Butanol	23.0 ±1.0	31.8 ±1.03	42.6 ±0.55	53.9 ±0.63	62.76 ±0.88	59.19 ±1.01	50.79 ±0.95	42.97 ±0.58	30.07 ±0.57
Aqueous	48.7 ±1.1	59.5 ±0.59	67.3 ±0.55	76.3 ±0.49	68.5 ±0.66	59.3 ±1.24	44.9 ±1.10	43.2 ±0.81	31.9 ±0.72

A Tabela 3.6.3 mostra a percentagem de inibição de todas as fracções de *Phaseolus vulgaris* nos ensaios de emulsão de ácido linoleico e de eliminação de radicais livres de óxido nítrico. Estes resultados mostram que, às 72 horas, a fração aquosa e o extrato de metanol bruto de *Phaseolus vulgaris* mostraram uma inibição percentual máxima em comparação com outros no ensaio de emulsão de ácido linoleico, enquanto que, à concentração de 3 mg/ml, a inibição percentual máxima foi mostrada pelo metanol bruto e pela fração aquosa no ensaio de eliminação do radical livre de óxido nítrico, o que revelou que as plantas mostram uma inibição máxima nos solventes polares em comparação com outros.

3.6.4 Comparação da percentagem de inibição de diferentes ensaios de fracções de *Brassica campestris*

As percentagens de inibição das fracções de *Brassica campestris* obtidas a partir do esquema de extração são submetidas a diferentes ensaios, como se mostra a seguir.

Tabela-3.6.4 Comparação da percentagem de inibição de diferentes ensaios da fração de *Brassica campestris*

	Linoleic acid emulsion assay				**Nitric oxide scavenging assay**				
Fractions	**% Inhibition (Hours)**				**% Inhibition (Concentration mg/ml)**				
	01	**02**	**03**	**04**	**3**	**1.5**	**0.75**	**0.33**	**0.15**
Crude methanol	47.6 ±0.56	65.9 ±0.38	72.1 ±0.70	79 ±0.6	79.33 ±0.55	58.5 ±0.66	40.13 ±0.78	32.66 ±0.76	30.67 ±0.51
n-Hexane	13.1 ±0.70	22.6 ±0.8	21.2 ±0.66	43.1 ±0.7	43.69 ±0.95	42.45 ±0.55	39.04 ±0.17	23.89 ±0.17	18.06 ±0.77
CH_2Cl_2 pH 3	14.3 ±0.53	23.1 ±0.40	28.4 ±0.43	42.4 ±0.4	42.26 ±0.81	37.43 ±0.64	33.98 ±0.80	22.99 ±1.47	19.99 ±0.77
CH_2Cl_2 pH 9	29.5 ±0.47	37.5 ±0.59	42.2 ±0.61	53.6 ±0.2	68.94 ±0.64	66.86 ±0.70	41.8 ±0.85	27.15 ±0.95	14.65 ±0.86
n-Butanol	47.6 ±0.5	55.9 ±0.7	66.1 ±0.75	77.5 ±0.7	78.76 ±0.7	66.62 ±0.51	47.39 ±0.49	33.07 ±0.95	28.78 ±0.6
Aqueous	33.8 ±0.66	47.5 ±0.64	57.5 ±0.67	66.6 ±0.7	64.2 ±1.06	48.9 ±0.72	31.7 ±0.62	24.6 ±0.81	20.9 ±0.78
Oil	35.9 ±0.89	43.5 ±0.72	55.2 ±0.57	64.1 ±0.4	67.9 ±0.85	61.7 ±0.84	46.4 ±0.66	25.8 ±0.87	16.8 ±0.64

A Tabela 3.6.4 mostra a percentagem de inibição de todas as fracções de *Brassica campestris* nos ensaios de emulsão de ácido linoleico e de eliminação de radicais livres de óxido nítrico. Estes resultados mostram que, após 72 horas, a percentagem máxima de inibição foi mostrada pelo extrato de n-butanol e metanol bruto de *Brassica campestris* em comparação com os outros no ensaio de emulsão de ácido linoleico, enquanto na concentração de 3mg/ml, a percentagem máxima de inibição foi mostrada pela fração de metanol bruto e n-butanol de *Brassica campestris* no ensaio de eliminação de radicais livres de óxido nítrico, o que revelou que as plantas mostram uma inibição máxima nos solventes polares em comparação com os outros.

3.7 Identificação de compostos a partir de líquido de alto desempenho Cromatografia (HPLC)

Os extractos metanólicos brutos e as fracções de óleo das quatro plantas foram secos, pesados e submetidos a análise HPLC para caraterização.

3.7.1 Análise por HPLC dos extractos e óleos vegetais

3.7.1.1 Análise por HPLC de *C. zeylanicum*

A casca de *C. zeylanicum* foi utilizada para a identificação e caraterização dos compostos orgânicos presentes na mesma.

> **Extrato de *C. zeylanicum***

A análise do extrato por HPLC foi efectuada e revelou a presença de cinamaldeído com um tempo de retenção de 3,2 minutos.

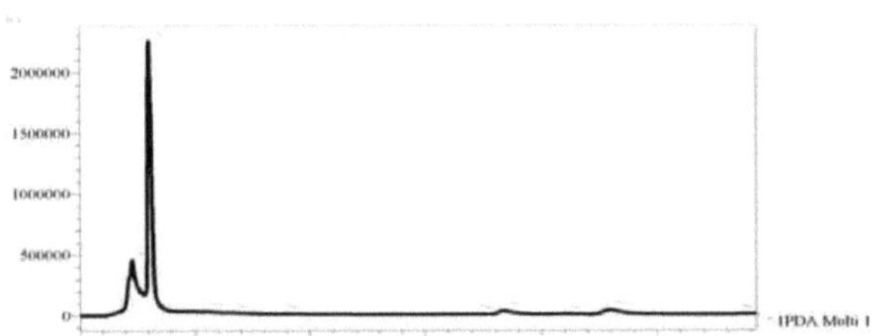

Fig 3.7.1.1 (a). Cromatograma do extrato de *C. zeylanicum*.

> Óleo de *C. zeylanicum*

Os componentes principais do óleo *de Cinnamomum zeylanicum* são aromáticos. A análise por HPLC mostrou a presença de **ácido cafeico** quando este foi comparado com o padrão. O tempo de retenção do ácido cafeico padrão foi de 3,8 min. A amostra de óleo da casca de *Cinnamomum zeylanicum* teve um tempo de retenção de 3,892 min.

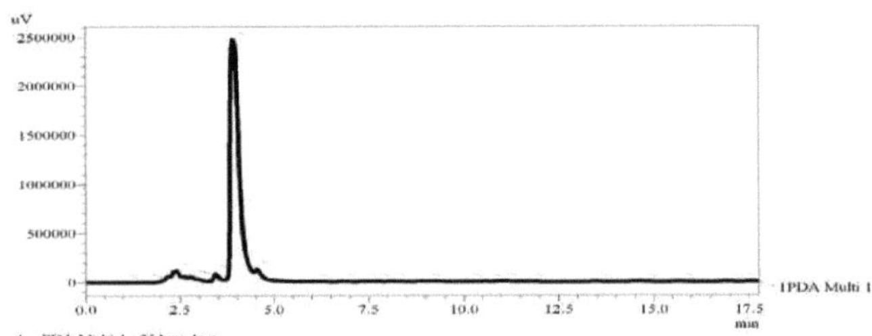

Fig 3.7.1.1(b) Cromatograma do óleo *de Cinnamomum zeylanicum*

3.7.1.2 Análise por HPLC de *Mentha spicata*

> Extrato de *Mentha spicata*

Os principais compostos do extrato metanólico bruto de *Mentha spicata* detectados por HPLC são **o ácido elágico, a vanilina** e **o óxido de cariofileno.** O tempo de retenção das amostras foi de 3,362 min. e 9,610 min., o que coincidiu com os padrões cujo tempo de retenção foi de 3,306 min., 9,632 min. e 3,315min. respetivamente.

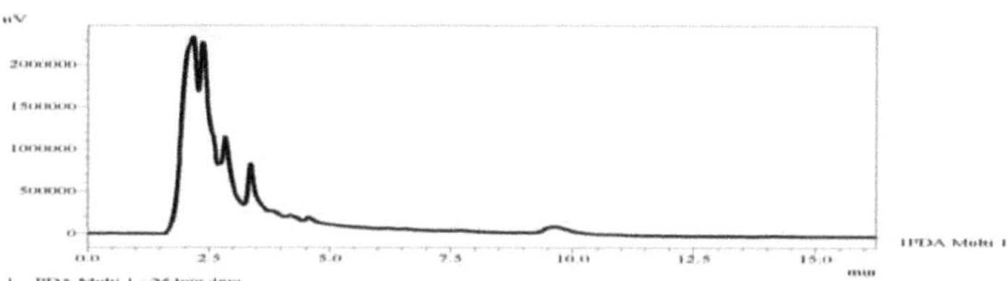

Fig3.7.1.2(a) Cromatograma do extrato de *Mentha spicata*

> **Óleo de *Mentha spicata***

Os principais compostos orgânicos que foram isolados da amostra de óleo *de Mentha spicata* a partir da técnica HPLC foram **o Ergosterol e o ácido elágico** e o tempo de retenção da amostra foi de 4,218 min. e 3,367 min.

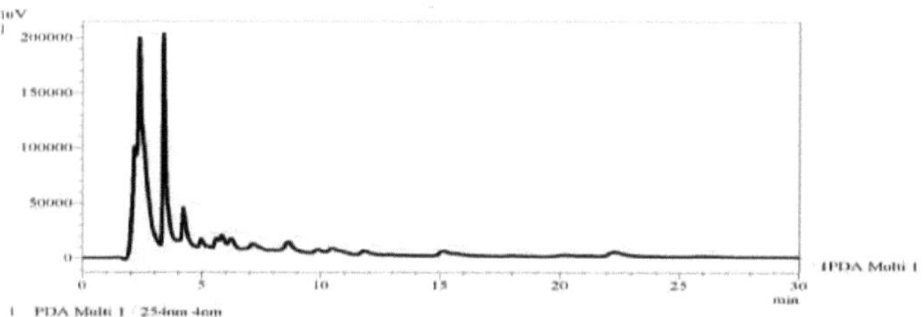

Fig3.7.1.2 (b) Cromatograma do óleo *de Mentha spicata*

3.7.1.3 Análise por HPLC de *Brassica campestris*

> **Extrato de *Brassica campestris***

O principal composto orgânico que foi isolado da amostra de extrato de planta alimentar através da técnica HPLC foi a **hesperidina.** O tempo de retenção do composto orgânico hesperidina presente na amostra foi de 3,235min.

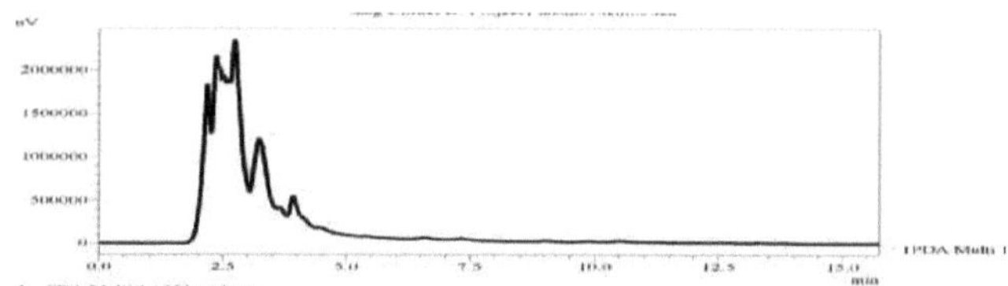

Fig 3.7.1.3 (a) Cromatograma do extrato de *Brassica campestris*

> **Óleo de *Brassica campestris***

O principal composto orgânico que foi isolado da amostra de óleo *de Brassica campestris* através da técnica HPLC foi a **Hesperidina.** O tempo de retenção da Hesperidina presente na amostra foi de 3,261min.

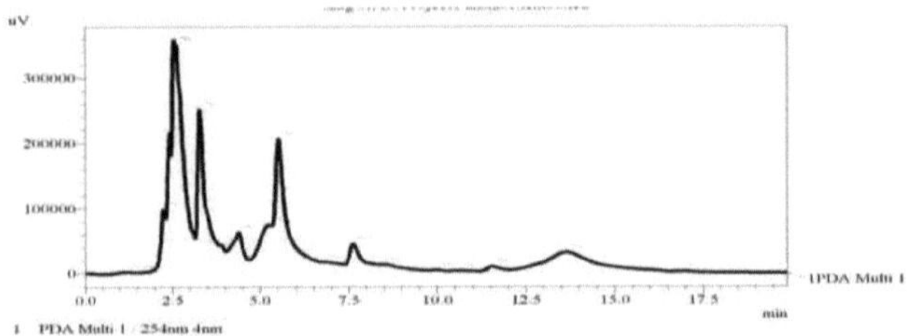

Fig 3.7.1.3(b) Cromatograma do óleo de *Brassica campestric*

3.7.1.4 Análise por HPLC de *Phaseolus vulgaris*

> Extrato de *Phaseolus vulgaris*

Os principais compostos orgânicos que foram isolados da amostra de *Phaseolus vulgaris* através da técnica HPLC foram **o ácido elágico** e **o óxido de cariofileno.** O ácido elágico e o óxido de cariofileno estão presentes na amostra e o seu tempo de retenção foi de 3,324 min.

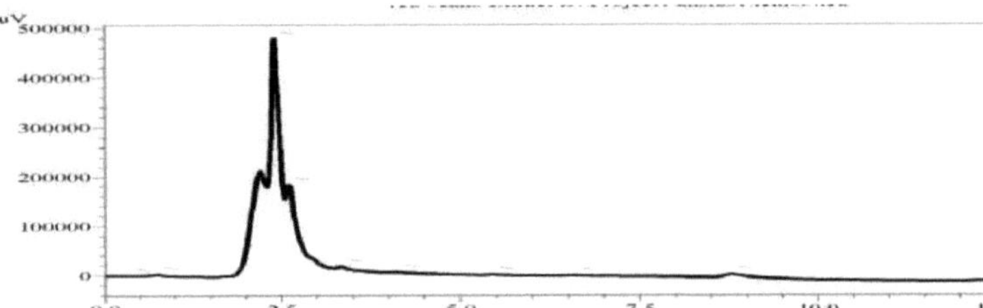

Fig: 3.7.1.4: Cromatograma do extrato de *Phaseolus vulgaris*

3.8 Discussão

Foi relatado que diferentes plantas alimentares, ou seja, *Cinnamomum zeylanicum, Brassica campestris, mentha spicata, Phaseolus vulgaris,* possuem uma série de constituintes fitoquímicos diferentes, tais como alcalóides, polifenóis, terpenóides, etc. As diferentes fracções de todas as plantas alimentares em diferentes solventes de polaridade variável foram analisadas para diferentes actividades biológicas. O rendimento da planta é altamente dependente do sistema de solventes com a sua polaridade, tempo de extração, pH e temperatura de extração. As fracções de solvente formadas a partir dos extractos de metanol foram a fração de n-hexano, a fração de diclorometano pH 3, a fração de diclorometano pH 9, a fração de n-butanol e a fração aquosa. Do mesmo modo, a fração de óleo das plantas de canela, hortelã e mostarda também foi obtida a partir de n-hexano. A fim de descobrir e comparar a presença dos conteúdos fenólicos totais, a atividade antioxidante e o potencial de eliminação de radicais, foram realizados vários testes com todas as fracções das plantas juntamente com extractos metanólicos. Posteriormente, procedeu-se à HPLC dos extractos das quatro plantas para o isolamento e identificação dos compostos químicos presentes nos mesmos.

3.8.1 Rendimento percentual das fracções

O extrato metanólico bruto das plantas foi fraccionado com diferentes solventes de diferentes polaridades. No caso da canela, o rendimento mais elevado de 43,32% foi obtido na fração aquosa, seguido de 31,83% no diclorometano pH 3, 10,187% no diclorometano pH 9, 7,392% no n-hexano e 7,276% no n-butanol. No caso da hortelã, o rendimento mais elevado, de 34,34%, foi obtido na fração de diclorometano pH 3, seguido de 23,15% em diclorometano pH 9, 17,15% em n-butanol, 14,66% em meio aquoso e 10,39% em n-hexano. No caso do feijão vermelho, o rendimento mais elevado de 51,20% foi obtido na fração aquosa, seguido de 38,13% em n-butanol, 4,33% em n-hexano, 4,057% em diclorometano pH 9 e 1.59% em diclorometano pH 3 e para a planta da mostarda o rendimento mais elevado de 34,69% foi obtido na fração de diclorometano pH 9, seguido de 26,07% em diclorometano pH 3, 14,21% em aquoso, 13,77% em n-hexano e 11,18% em n-butanol. Estes resultados mostraram que a canela e o feijão vermelho têm o rendimento mais elevado na fração aquosa, enquanto a hortelã tem o rendimento mais elevado em meio ácido e a planta da mostarda tem o rendimento máximo em condições básicas.

3.8.2 Ensaios de Antioxidantes

3.8.2.1 Ensaio de teor fenólico total

A atividade antioxidante das plantas foi determinada pelo conteúdo fenólico total porque o fenol tem a capacidade de estabilizar o radical livre. Uma vez que o fenol contém o grupo hidroxilo, que é um forte dador de hidrogénio, interrompe assim as reacções em cadeia. O teor de fenólicos totais foi determinado pelo método de Follin Ciocalteu, de acordo com Gamez-Meza *et al.,* 1999. Trata-se de uma técnica de calorimetria que sofre redução pelos reagentes de óxidos de tungsténio e molibdénio. A cor azul indica a redução destes óxidos e a absorvância foi verificada a 765nm. O ácido gálico é o fenol que foi utilizado como padrão e a estimativa dos fenólicos em diferentes plantas alimentares foi efectuada com referência a ele.

O conteúdo fenólico mais elevado da casca de *Cinnamomum zeylanicum* foi encontrado como 146.1 ± 0,86 mg/ml de equivalente de ácido gálico (GAE) em condições ácidas, ou seja, diclorometano pH 3, enquanto que em *Brassica campestris* o teor fenólico global mais elevado de 121,8 ± 1,73 mg/ml de GAE foi encontrado na fração n-butanol. Do mesmo modo, *a Mentha spicata* indicou 97,2 ± 0,21 mg/ml de GAE na fração n-butanol e 143,01 ± 1,25 mg/ml de GAE na fração aquosa de *Phaseolus vulgaris*. O conteúdo de compostos fenólicos foi mais elevado nas fracções polares em comparação com as fracções não polares.

3.8.2.2 Ensaio de peroxidação lipídica

Uma das principais razões para o ranço e a degradação dos alimentos armazenados ou transformados é a peroxidação dos lípidos, que acaba por formar radicais peroxilo. Os radicais livres atacam os ácidos gordos polinsaturados e podem causar oxidação. Isto pode causar muitas doenças como as doenças cardiovasculares ou pode ser carcinogénico. Até à data, foram sintetizados muitos produtos químicos que actuam como eliminadores de radicais. Estas substâncias químicas, como o butil-hidroxil-tolueno (BHT) e o butil-hidroxil-anisol (BHA), ajudam a prevenir a peroxidação das gorduras no corpo e nos alimentos. A peroxidação lipídica dos valores de diferentes fracções foi medida pelo método indicado por Mitsuda *et al.* Neste método, os peróxidos são formados após a oxidação do ácido linoleico. Estes peróxidos têm a capacidade de oxidar os iões ferrosos em iões férricos. Posteriormente, estes iões férricos reagem com os iões tiocayanato e formam o complexo colorido que é detectado a 500 nm. Quanto mais escura for a cor, maior é a quantidade de radicais peróxidos presentes na amostra de planta. Da mesma forma, a presença do antioxidante no extrato da planta diminui a absorvância, ou seja, o aumento da peroxidação lipídica acaba por diminuir o antioxidante no extrato da planta alimentar.

No último dia, a maior percentagem de inibição foi mostrada 85,1 ± 0,5% na fração de n-butanol pela casca de *Cinnamomum zeylanicum* e 79,03 ± 0,60% na fração de metanol bruto por *Brassica campestris*. Da mesma forma, a inibição de 83,6 ± 0,85% foi demonstrada por *Mentha spicata* na fração n-butanol e 76,3 ± 0,49% de inibição foi demonstrada na fração aquosa de *Phaseolus vulgaris*.

3.8.2.3 Ensaio de eliminação de radicais de óxido nítrico

Este ensaio baseia-se na reação de diazotização do dicloridrato de naftiltildiamina e da sulfanilamida em condições ácidas. O nitroprussiato de sódio forma óxido nítrico que, por sua vez, reage com o oxigénio e forma iões nítricos. Este reagente é utilizado para determinar a presença de nitritos nas amostras de plantas. O ensaio de eliminação do radical livre de óxido nítrico foi medido pelo método apresentado por Chakraborthy *et al.,2009.*

O ácido ascórbico, que foi tomado como padrão, tem uma percentagem de inibição de 97,34 ± 0,37 %. A maior percentagem de inibição da capacidade de eliminação de radicais livres foi geralmente mostrada pelo metanol bruto em extractos de plantas na concentração de 3 mg/ml. A casca de *Cinnamomum verum* mostrou uma percentagem máxima de inibição de 77,3 ± 0,46% na fração de metanol bruto, enquanto que *a Mentha spicata* mostrou 82,4 ± 0,63% no extrato de metanol bruto. *Brassica campestris* apresentou a percentagem de inibição de 79,33 ± 0,55% em metanol bruto, enquanto *Phaseolus vulgaris* apresentou a maior percentagem de inibição de 68,5 ± 0,66% em fração aquosa.

3.8.2.4 Identificação de compostos orgânicos

A técnica de HPLC foi realizada para descobrir os constituintes químicos presentes nos quatro extractos de plantas alimentares e nas amostras de óleo. Os resultados revelaram que os fenóis, os ácidos carboxílicos e os seus derivados estavam normalmente presentes nas amostras. **O ergosterol, o ácido elágico, o óxido de cariofileno, o cinamaldeído, a rutina, a hesperidina, a vanilina** e **o ácido cafeico** são os compostos orgânicos presentes nas diferentes amostras de plantas.

O presente estudo investigou a presença de ácido cafeico e cinamaldeído no extrato e no óleo *de Cinnamomum zeylanicum*. No entanto, a literatura sugere que o anidrido trans-cinâmico, o ácido ferúlico e o ácido p-hidroxi-cinâmico estavam normalmente presentes na *Cinnamomum zeylanicum* (Eric *et al.*, 2013). De forma semelhante, Harbaun *et al.*, 2001, investigaram a presença de quercetina, ácido hidroxil cinamónico málico, apigenina e peonidina em *Brassica campestris*, mas este estudo comunicou a presença do composto Hesperidina nos extractos metanólicos e nas amostras de óleo de *Brassica campestris* que ainda não tinham sido comunicados. O ácido fítico, as saponinas, o ácido sinápico, o ácido *p-coumérico* e as proantocianidinas foram registados como compostos químicos isolados de *Phaseolus vulgaris* e este estudo explorou o ácido elágico e o óxido de cariofileno. Kokkini *et al.*, 2011, descobriram a presença de carvona, catequina, rutina, limoneno e óxido de piperitenona nas amostras de *Mentha spicata* e a presente investigação examinou a presença de ácido elágico, óxido de cariofileno e vanilina no extrato metanólico e de ergosterol, ácido elágico e óxido de cariofileno na extração com n-hexano do óleo *de Mentha spicata*. Tendo em conta tudo isto, este estudo identificou muitos compostos que ainda não foram caracterizados e que são bons para estudos futuros.

Conclusão

O rastreio fitoquímico dos extractos metanólicos das quatro plantas alimentares *C.zeylanicum, B. campestris, M. spicata* e *P. vulgaris* revelou a presença de polifenóis, taninos, terpenóides e alcalóides com o respetivo reagente de teste. Os resultados obtidos a partir dos diferentes ensaios revelaram que eram ricos em fenólicos e tinham um bom potencial antioxidante, bem como a maior capacidade de eliminação de radicais. Observou-se que as fracções de compostos polares das plantas alimentares, como o metanol, o aquoso e o n-butanol, apresentaram uma capacidade antioxidante máxima em comparação com o n-hexano. Do mesmo modo, o isolamento e a caraterização das amostras a partir de HPLC sugerem a presença de muitos compostos orgânicos, incluindo fenóis aromáticos e ácidos hidroxilo carboxílicos e seus derivados nas amostras. Deste modo, este estudo sugere que as plantas *C. zeylanicum, B. campestris, M. spicata* e *P. vulgaris* são compostos bioactivos e podem ser a melhor fonte de antioxidantes naturais, que têm uma grande importância nos medicamentos para curar a síndrome metabólica, como a diabetes e as doenças cardiovasculares.

Referências

1. Abdelwahab, S.I., Mariod, A. A., & Taha, M. M. E. (2014). Composição química e propriedades antioxidantes do óleo essencial de Cinnamomum altissimum Kosterm. (Lauracear). Arabian Journal of Chemistry. 14(1), 10-12.

2. Adebamowo, C.A., Cho, E., & Sampson, L. (2005). Ingestão de flavonóis e alimentos ricos em flavonóis na dieta e o risco de cancro da mama. *International Journal of Cancer, 114(4),* 628-633.

3. Aflatuni, A., J. U, S. E. A. & Hohtola. (2005). "Variação na Quantidade de Rendimento e na Composição do Extrato entre a Hortelã-Pimenta e a Menta Produzidas Convencionalmente e Micropropagadas". *Journal of Essential Oil Research, 17*(1), 66-70.

4. Aggarwal, K.K., Khanuja, S.P.S., Ahmad, A., Kumar, T.R.S., Gupta, V.K., & Kumar, S. (2002).Perfis de atividade antimicrobiana dos dois enantiómeros de limoneno e carvona isolados dos óleos de *Mentha spicata* e *Anethum sowa. Flavour and Fragrance Journal,* 17(11), 59-63.

5. Ahuja, K.L., Batta, S.K., Raheja, R.K., Labana, K.S., & Gupta, M.L. (1989).Teor de óleo e composição de ácidos gordos de um promissor genótipo indiano de Brassica campestris L. (Toria). *Plant foods for Human Nutrition, 39(2),* 155-160.

6. Ali, M.S., Saleem, M., Ahmad. W., Parvez, M., & Yamdagni, R. (2002). Uma cetona monoterpénica clorada, glicosídeos de P-sitosterol acilados e um glicosídeo de flavanona de *Mentha longifolia* (Lamiaceae). *Phytochemistry, 59*(8), 889-895.

7. Bandar E., & Dhubiab, A. (2012). Aplicações farmacêuticas e perfil fitoquímico de Cinnamomum burmannii. Lista do jornal Pharmacogn Rev, 6(12), 125-131.

8. Banerjee, G. S., Car, J.S., Scott-Craig, D.B., Hodge, & Walton, J. D.(2011). Pré-tratamento com peróxido alcalino de palha de milho: efeitos da biomassa, peróxido, carga enzimática e composição nos rendimentos de glucose e xilose. *Biotecnologia para biocombustíveis. 4*(16).

9. Bayat, R., & Borici-Mazi, R. (2014). "Um caso de anafilaxia à hortelã-pimenta". *Alergia, Asma e Imunologia Clínica, 10,* 6.

10. Beninger, C.W., & Hosfield, G.L. (2003). Antioxidant activity of extracts, condensed tannin fractions, and pure flavonoids from *Phaseolus vulgaris* L. Seed coat color Genotypes. *J. Agric. Food Chem.*, 51 (27), 7879-7883.

11. Bhandari, S.R., Kwak, J.H. (2015). Composição química e atividade antioxidante em diferentes tecidos de vegetais de brassica. Indian J Pharm Sci., 20(1), 1228-43.

12. Bimakr, M., Rahman, R.A., Taip, F.S., Ganjloo, A., Salleh, L.M., Selamat, J., Hamid, A., & Zaidul, I.S.M. (2011). Comparação de diferentes métodos de extração para a extração dos principais compostos flavonóides bioactivos das folhas de hortelã *(Mentha spicata* L.). *Processamento de Alimentos e Bioprodutos, 89(1),* 67-72

13. Chakraborthy, G.S. (2009). Atividade de eliminação de radicais livres das folhas de *Costus speciosus*. *Indian J.Pharm Educ Res., 43,* 96-98.

14. Chen, C. H., Lo, W. L., Liu, Y. C., & Chen, C.Y. (2006).Constituintes químicos e citotóxicos das folhas de *Cinnamomum kotoense. J. Nat. Prod, 69(6),* 927-933.

15. Chen, H. P., Yang, K., You, C. X., Lei, N., Sun, R. Q., Geng, Z.F., Ma, P., Cai, Q., Du, S. S., & Deng, Z. W. (2014). Constituintes químicos e atividades inseticidas do óleo essencial de folhas de Cinnamomum camphora contra Lasioderma serricorne. *Jornal de Química, 20(14),* 1-5.

16. Cheng, S. S., Liu, J. Y., Hsui, Y. R., & Chang, S. T. (2006). Polimorfismo químico e atividade antifúngica de óleos essenciais de folhas de diferentes proveniências de canela indígena (Cinnamomum osmophloeum). *Bioresource Technology, 97,* 306312.

17. Choi, H.K., Atkinson, K., Karlson, E.W., Willett, W., & Curhan, G. (2004). "Alimentos ricos em purinas, ingestão de laticínios e proteínas e o risco de gota em homens". *N. Engl. J. Med. 350* (11), 1093-103.

18. Crozier, A., Jaganath, I.B., Clifford, M.N. (2006). Fenóis, polifenóis e taninos: Uma visão geral. Em Plant Secondary Metabolites: Occurrence, Structure and Role in the Human Diet; Crozier, A., Clifford, M., Ashihara, H., Eds.; Blackwell: Oxford, UK, pp. 1-24.

19. Curl, C.L., Price, K.R., & Fenwick, G.R. (1988). Isolamento e Elucidação Estrutural de uma Nova Saponina (Soyasaponin-V) do Feijão Haricot (Phaseolus-Vulgaris L). *Journal of the Science of Food and Agriculture, 43*(1), 101-107.

20. Delgado-Salinas, A., Thulin, M., Pasquet, R., Weeden, N., & Lavin, M. (2011). *"Vigna* (Leguminosae) *sensu lato.* os nomes e identidades dos géneros segregados americanos". American Journal of Botany *98* (10): 1694-715.

21. Esterbauer, H. (1993). Citotoxicidade e genotoxicidade dos produtos de oxidação lipídica. *Am. J.Clin. Nutr., 57,* 779-785.

22. Etherton, P.M.K., Hecker,K.D.,Bonanome,A.,Coval, S.M., Binkoski,A.E., Hilpert, K.F., Griel, A.E., & Etherton, T.D. (2002).Bioactive compounds in foods: their role in the prevention of cardiovascular disease and cancer. *The American Journal of Medicine,113(9),71-88.*

23. Fang, Z.X., Hu, Y.X., Liu, D.H., Chen, J.C., Ye, X.Q. (2008). Alterações dos ácidos fenólicos e das actividades antioxidantes durante a decapagem da mostarda (Brassica juncea, Coss.). *Food Chem. 108,* 811-817.

24. Geil, P.B., & Anderson, J.W. (1994). Implicações nutricionais e de saúde do feijão seco: uma revisão. *Journal of American College of Nutrition, 13*(6), 549-548.

25. Halliwell, B. (1994). Radicais livres e antioxidantes: Uma visão pessoal, *Nutr. Rev., 52,* 253-265.

26. Halliwell, B., & Gutteridge, J. M. C. (1990). O papel dos radicais livres e dos iões metálicos

catalíticos na doença humana: uma visão geral. Methods Enzymol. *186,* 1-85.

27. Hamburger, H., & Hostettmann, K. (1991). The link between phytochemistry and medicine. Phytochemistry. *30*, 3864-3874.

28. Handa, K.L., Smith, D.M., Nigam, I.C., & Levi, L. (1964). Óleos essenciais e seus constituintes XXII. Chemotaxonomy of the genus *Mentha. Journal of Pharmaceutical Sciences, 53*(11), 1407-1409.

29. Harbaum, B., Hubbermann, E.M., Wolff, C., Herges, R., Zhu, Z., Schwarz, K. (2007). Identificação de flavonolds e ácidos hidroxicinâmicos em variedades de pak choi (Brassica campestris L. ssp chinensis var. communis) por HPLC-ESI-MSn e NMR e sua quantificação por HPLC-DAD. *J. Agric. Food Chem. 55,* 8251-8260.

30. Harbaum, B., Hubbermann , E.M., Wolff, C., Herges, R., Zhu, Z., & Schwarz,K. (2007). Identificação de flavonóides e ácidos hidroxicinâmicos em variedades de Pak Choi (Brassica campestris L. spp. *Chinese* var. *communis)* por HPLC-ESI-MS e NMR e sua quatificação por HPLC-DAD. *Journal of agri. Food chem., 55*(20), 8251-8260.

31. Hassan, B. A. R. (2012). Plantas Medicinais (importância e usos). *Pharmaceutica Analytica Ata, 3*(10).

32. Howard, S. M., Julie A. H., Harry C. L., & Gilbert, S. S. (1992). S-Metilcisteína sulfóxido em vegetais de Brassica e formação de metilmetanosulfinato em couves-de-bruxelas. *J. Agric. FoodChem,* 40 (11), pp 2098-2101.

33. Hunt, R., Dienemann, J., Norton, H. J., Hartley, W., Hudgens, A., Stern, T., & Divine, G. (2013). "Aromaterapia como tratamento para náuseas pós-operatórias". *Anestesia e Analgesia, 117* (3), 597.

34. Hussain, A. I., Anwar, F., Nigam, P. S., Ashraf, M., & Gilani, A.H. (2010). "Variação sazonal no conteúdo, composição química e actividades antimicrobianas e citotóxicas de óleos essenciais de quatro espécies *de Mentha*". *Journal of the Science of Food and Agriculture, 90*(11): 1827-36.

35. Jamila, F., & Mostafa, E. (2014). "Levantamento etnobotânico de plantas medicinais usadas por pessoas no Marrocos Oriental para controlar várias doenças". *Jornal de Etnofarmacologia, 154,* 76.

36. Jayaprakasha, G.K ., & Rao, L. J. (2011). Química, biogénese e actividades biológicas de Cinnamomum zeylanicum. *FoodSci Nutr, 51*(6), 547-62.

37. Jed, W.F., Amy, T.Z., & Paul, T. (2001). A diversidade química e a distribuição de glucosinolatos e isotiocianatos entre as plantas. *Phytochemistry, 50*(1),5-51

38. Jones, D.B., Finks, A.J., & Gersdorff, C.E.F. (1922). Estudo químico das proteínas do feijão Adsuki, Phaseolous angularis. *J. Biol. Chem. 51,* 103-114.

39. Kabagambe, E.K., Baylin, A., Ruiz-Narvarez, E., Siles, X., &Campos H. (2005).A diminuição do consumo de feijão maduro seco está positivamente associada à urbanização e ao enfarte agudo do miocárdio não fatal. *Journal of nutrition, 135(f),* 17701775.

40. Khayam, Ullah, S., Najeeb, U., Hussain, J., &Asif, M. (2011).Comparação de constituintes fitoquímicos e actividades antimicrobianas de *Mentha spicata* de quatro distritos do norte de Khyber Pakhtunkhwa. Jornal de Ciências Farmacêuticas Aplicadas, *01*(07), 72-76.

41. Kizil, S., Nesrin, H.A., Tolan, V., Kilinc, E., & Yuksel, U. (2010).Conteúdo mineral, componentes do óleo essencial e atividade biológica de duas espécies de menta *(M.piperita* L., *M.spicata Lf Turkish Journal of Field Crop, 15,* (2), 148-153.

42. Kokkini, S. (1991). Chemical races within genus *Mentha L.* Essential Oils and Waxes, Modern Methods of Plant Analysis, *12,* 63-78.

43. Lattanzio, V., Kroon, P. A., Linsalata,V., & Cardinali, A. (2009). Alcachofra: um alimento funcional e fonte de ingredientes nutracêuticos. *Journal of Functional Food, 1,* 131-144.

44. Lee, J.D. (1996). Concise inorganic Chemistry, 5th edition. *Blackwell science publishers,* 773.

45. Li, X., Gao, M.J., Pan, H.Y., Cui, D.J., Gruber, M.Y. (2010). Canola roxa: Arabidopsis PAP1 Increases Antioxidants and Phenolics in Brassica napus Leaves. *J. Agric. FoodChem. 58,* 1639-1645.

46. Lin, R. J., Cheng, M. J., Huang, J. C., Lo, W.L., Yeh, Y. T., Yen, C. M., Lu, C. M., & Chen, Y. C. (2009). Compostos citotóxicos dos caules de *Cinnamomum tenuifolium. J. Nat. Prod, 72*(10), 1816-1824.

47. Llorach, R., Gil-Izquierdo, A., Ferreres, F., Tomas-Barberan, F.A. (2003). Caracterização por HPLC-DAD-MS/MS ESI de flavonóides acilados altamente glicosilados não usuais de subprodutos agroindustriais de couve-flor (Brassica oleracea L. var. botrytis). J. *Agric. Food Chem. 51,* 3895-3899

48. Lolas, G.M., & Markakis, P. (1975). Ácido fítico e outros compostos de fósforo de bans (Phaseolus vulgaris L. *J. Agric. FoodChem., 23* (1), pp 13-15.

49. Lu, T., Sheng, H., Wu, J., Cheng, Y., Zhu, J., & Chen, Y. (2012).O extrato de canela melhora a glicemia em jejum e o nível de hemoglobina glicosilada em pacientes chineses com diabetes tipo 2. *Nutr Res, 32*(6), 408-412.

50. Luthria,D.L., & Pastor-Corrales, M.A. (2006). Teor de ácidos fenólicos de quinze variedades de feijão comestível seco (Phaseolus vulgaris L.). *Journal Of Food Composition And Analysis, 19(J2-3* 205-211.

51. Marcocci, L., & Packer, L. (1994). Antioxidant action of Gingko biloba extract EGE 761. *MethodsEnzymol, 234,* 462-475.

52. Mathew, S., & Abraham, T.E. (2006).Atividade antioxidante in vitro e efeitos *de* eliminação *do* extrato de folhas de *Cinnamomum verum* avaliados por diferentes metodologias. Food and Chemical Toxicology, 44(2), 198-206

53. Meza, G.N., Rodriguez, N.J., Juarez, M.L., Garcia, O.J., Casanova, C.R., &Guerrero, A.O. (1999). Atividade antioxidante em óleo de soja de extrato de bagaço de uva Thompson. *JAOCS, 76,* 1445-1447

54. Mimica, D. N., & Bozin, B. (2008). Espécies de Mentha L. (Lamiaceae) como fontes promissoras de metabolitos secundários bioactivos. Curr Pharm Des., *74*(29), 3141-50.

55. Mitsuda, H., Yasumoto, K., & Iwami, K. (1996). Ação antioxidante dos compostos de indol durante a autooxidação do ácido linoleico. *Eiyoto Shokuryo, 19,* 210-214.

56. Morimoto, S., Nonaka, G.I., & Nishioka, I. (1986). Tanino e compostos relacionados. Isolamento e caraterização de Flavan-3-ol Glucosides e Procyanidin Oligomers de CASSIA Bark: Cinnamomum cassia BLUME. *Boletim Químico e Farmacêutico, 34(2),* 633-642.

57. Mustaffa, F., Indurkar, J., Ismail, S., Shah, M., & Mansor, S. M. (2011) Um composto antimicrobiano isolado das folhas de Cinnamomum Iners com atividade contra Staphylococcus Aureus resistente à meticilina. *Centro de investigação de medicamentos, 16,* 3037-3047.

58. Nagatsu, A., Sugitani, T., Mori, Y., Okuyama, H., Sakakibara, J., & Mizukami, H. (2004). From rape (Brassica campestris vir. Japonica Hara) oil cake, *Natural product research, 18(3),* 231-239.

59. Nkanwen, E. R. S., Awouafack, M. D., Bankeu, J. J. K., Wabo, H. K., Mustafa, S. A. A., Ali, M. S., Lamshoft, M., Choudhary, M. I., Spiteller, M., & Tane, P. (2013). Constituintes da casca do caule de Cinnamomum zeylanicum Welw. (Lauraceae) e sua atividade inibitória em relação à enzima Enoyl-ACP Reductase de Plasmodium falciparum. *Nat.Prod, 7*(4), 296-301

60. Padmakumari, A. K.P., Rani, M. P., Sasidharan, I., & Sreekumar, M.M. (2013). Composição química comparativa e atividades antioxidantes in vitro do óleo essencial isolado das folhas de Cinnamomum tamala e Pimenta dioica. *Nat. Prod Res, 27*(3), 290-4.

61. Peter, J.W., Ronald, H.S., & Mcintosh, A. (2006). Estimativa do sulfóxido de S-metilcisteína (fator de anemia da couve) e sua distribuição entre as culturas forrageiras e de raízes de brássicas. *Journal of the Science of Food and Agriculture, 27(7),* 633-642.

62. Queiroz Kda, S., de Oliveira, A.C., & Helbig, E. (2002). A embebição do feijão comum numa preparação doméstica reduziu o teor de oligossacarídeos do tipo rafinose, mas não interferiu no valor nutritivo. *JNutr Sci Vitaminol (Tóquio), 48*(4), 283-9.

63. Rafeal, L., Angel, G. I., Federico, F., & Francisco, A.T.B. (2003). HPLC-DAD- MS/MS ESI Characterization of Unusual Highly Glycosylated Acylated Flavonoids from Cauliflower *(Brassica oleracea* L. *var.botrytis)* Agroindustrial Byproducts. *J. Agric. Food Chem, 51*(13), pp

3895-3899

64. Ranasinghe, P., Pigera, S., Premakumara, G. A. S., Galappaththy, P., Constantine, G. R., & Katulanda, P. (2013). R CH A R TIC L E Open Access Propriedades medicinais da 'verdadeira' canela (Cinnamomum zeylanicum): uma revisão sistemática BMC Complementary and Alternative Medicine, *13,* 275.

65. Ravindran, P. N.; K. Nirmal Babu; M. Shylaja (2003). *Cinnamon and Cassia: O género* Cinnamomum. CRC Press. p. 59.

66. Robert, S. (2004). Understanding and measuring the shelf life of food (Compreender e medir o prazo de validade dos alimentos). *Woodhead Publishers, Boston, E.U.A.,* 131.

67. Rose, Francis. (1981). *The Wild Flower Key.* Frederick Warne & Co. p. 310. ISBN 0-7232-2419-6.

68. Rui, X., Boye, J. I., Ribereau, S., Simpson, B. K. e Prasher, S. O. (2011). Estudo comparativo da composição e propriedades térmicas de isolados proteicos preparados a partir de nove variedades de leguminosas Phaseolus vulgaris. *Food Research International, 44*, 24972504.

69. Russell, W.R., & Duthie, G.G. (2011). Metabólitos secundários de plantas e saúde intestinal: o caso dos ácidos fenólicos. Actas da Sociedade de Nutrição.

70. Santiago, C., Fitchett, C., Munro, M. H.G., Jalil, J., & Santhanam, J. (2012). Atividades citotóxicas e antifúngicas de 5-hidroxiramulosina, um composto produzido por um fungo endofítico isolado de Cinnamomum mollisimum. *Medicina Complementar e Alternativa Baseada em Evidências, 2012,* pp 6.

71. She, G.M., Xu, C., Liu, B., & She, R.B. (2010). Ácidos polifenólicos da hortelã (a parte aérea de *Mentha haplocalyx* Briq.) com atividade de eliminação de radicais DPPH. *Jornal de Ciências Alimentares, 75*(4), 359-362.

72. Shinwari, Z.K., Rehman, M., Watanabe, T., & Yoshikawa, Y. (2006).*Medicinal and aromatic plants of Pakistan (A Pictorial Guide)* .Kohat University of Science and Technology, Kohat, Pakistan, 492.

73. Singh, G., Maurya, S., DeLampasona, M.P., & Catalan, C.A. (2007). A comparison of chemical, antioxidant and antimicrobial studies of cinnamon leaf and bark volatile oils, oleoresins and their constituents. *Food Chem. Toxicol, 45*(9), 1650-61

74. Tsuda, T., Shiga, K., Ohshima, K., Kawakishi, S., & Osawa, T. (1996). Inibição da peroxidação lipídica e efeito de eliminação do radical de oxigénio ativo dos pigmentos de antocianina isolados de *Phaseolus vulgaris* L. *Biochemical Pharmacology, 52* (7), 10331039.

75. Urbano,G., Lopez-Jurado, M., Aranda, P., Vidai-Valverde, C., Tenorio, E., & Porres, J. (2000).The role of phytic acid in legumes: antinutrient or beneficial function? *Journal of Physiology and Biochemistry, 56*(3), 283-294.

76. Vahouny, G.V., Connor, W.E., Subramaniam, S., Lin, D.S., & Gallo, L.L. (1983). Comparative Lymphatic Absorption of Sitosterol, Stigmasterol, and Fucosterol and Differential Inhibition of Cholesterol Absorption (Absorção linfática comparativa de sitosterol, estigmasterol e fucosterol e inibição diferencial da absorção de colesterol*). American Journal of Clinical Nutrition, 37*(5), 805-809.

77. Velisek, J., Mikulcova, R., Mikova, K., Woldie, K.S., Link, J., & Davidek, J. (1995).Investigação quimiométrica de sementes de mostarda. *Lebenson Wiss Technol, 28*(6), 620624.

78. Weder, J.K.P., Telek, L., Vozari-Hampe, M., & Saini, H.S. (1997). Factores antinutricionais em feijões anasazi e outros feijões pinto (Phaseolus vulgaris L.). *Alimentos vegetais para nutrição humana, 51*(2), 85-98.

79. Wenlin, C., Yu, Chiawen, Wu, S.C., & Yih, K.H. (2009).DPPH Free-Radical Scavenging Activity, Total Phenolic Contents and Chemical Composition Analysis of Forty-Two Kinds of Essential Oils. *Jornal de Análise de Alimentos e Medicamentos, 17*(5), Páginas 386395.

80. Yadav,S.P., Vats, V., Ammini, A.C., & Grover, J.K. (2004). A Brassica juncea (Rai) impediu significativamente o desenvolvimento da resistência à insulina em ratos alimentados com uma dieta enriquecida com frutose. *JEthnopharmacol, 93(1),* 113-116.

81. Yamamura, S., Ozawa, K., Ohtani, K., Kasai, R., & Yamasaki, K. (1998).Antihistaminic flavones and aliphatic glycosides from *Mentha spicata. Produtos vegetais bioactivos, 48(1), 131-136.*

Printed by Books on Demand GmbH, Norderstedt / Germany